2000

chasse

11/50

LES
PLAISIRS
INNOCENS
ET AMOVREVX
DE
LA CAMPAGNE,

CONTENANT

LE TRAITE' DES MOUCHES
à Miel, ou les Regles pour les bien
gouverner, & le moyen d'en tirer un
profit confiderable par la recolte de
la Cire & du Miel.

AVEC

*LA METHODE D'ELEVER, NOVRRIR
& guerir toutes fortes d'Oyfeaux de ramage.*

ET VN

TRAITE' DES CHASSES,
de la Venerie & Fauconnerie ; où eft exactement enfeignée la methode de connoitre les
bons Chiens ; la Chaffe du Cerf, du Sanglier,
du Lievre, du Dain, du Chevreüil, du Connil,
du Loup, &c. Avec les termes & proprietez de
chacune.

Sur l'Imprimé 🔷 *à Amfterdam.*

A GRENOBLE,
Chez ALEXANDRE GIROUD, Libraire de
Nosfeigneurs du Parlement, à la Salle
du Palais.

AVEC PERMISSION.

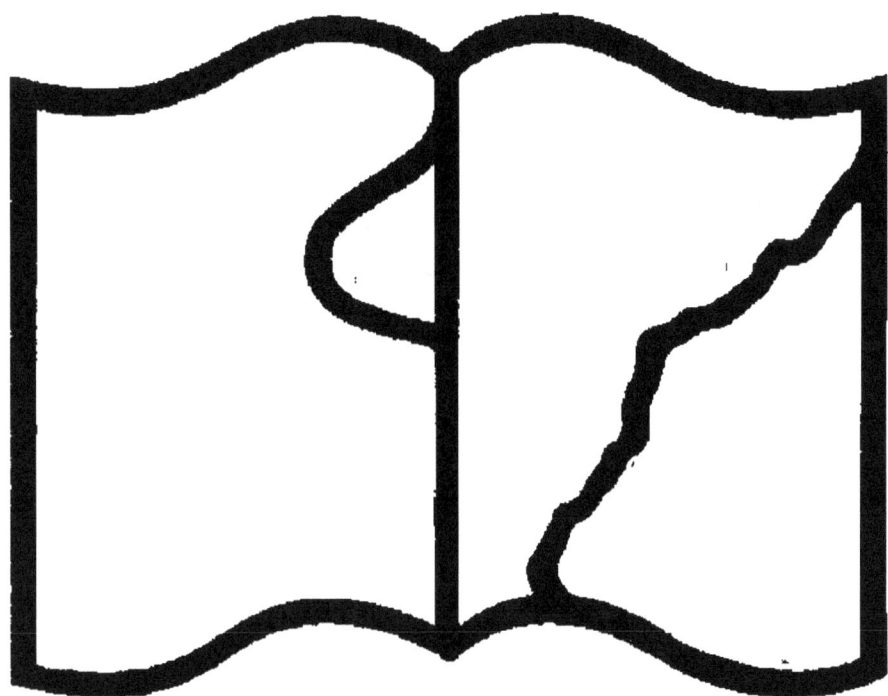

Texte détérioré — reliure défectueuse

NF Z 43-120-11

AVIS.

O N a tant écrit jufqu'à prefent à la gloire & à la loüange des Abeilles, qu'il feroit inutile de traiter cette matiere qui femble avoir efté approfondie ; c'eft pourquoy je ne m'attache précifement dans ce Traité, qu'à ce qui peut eftre de pratique, & neceffaire à ceux qui defirent en élever ; il eft vray qu'il a paru depuis quelques années un petit livre, qui avoit pour titre Mouches à Miel, compofé par un Gentil-homme Mouchard, qui fembloit entrer dans le détail des inftructions que l'on peut donner fur la maniere

de les gouverner ; mais aprés que
l'on a examiné ce livre, tout le
monde a esté surpris d'y trouver des
digreſſions ou diſcours hors de propos, & qui n'ont aucun raport pour
la conduite des Mouches à Miel, &
comme mon deſſein n'eſt que pour
arriver à l'utilité & au profit du
public, j'ay crû luy devoir donner
ce petit Ouvrage pour luy ſervir de
guide, & le déſabuſer des erreurs
& manquemens dans leſquels il a
eſté juſqu'à preſent; & luy faire connoître la veritable methode de les
bien élever & gouverner, avec le
moyen d'en tirer un profit conſide-
rable par la recolte de la cire & du
miel: tout ce qui y eſt raporté eſt fon-
dé ſur l'experience des Connoiſſeurs,
& ſur celle que j'en ay fait pendant

plusieurs années : on pourra juger de ma sincerité, aprés que l'on aura mis en usage & observé les préceptes que je donne icy, que j'ay divisé en cinq livres, à la teste desquels j'ay mis des Sommaires du contenu de chaque livre, que j'ay aussi divisé par Chapitres pour une plus grande intelligence.

APPROBATION

J'Ay lû par l'ordre de Monseigneur le Chancelier un Livre qui a pour tiltre [...] dans lequel je n'ay rien trouvé qui ne soit utile pour leurs gouvernemens; [...] le rétablissement de la santé, & l'autre pour la clarté : c'est pourquoy on doit estimer ceux qui nous donnent & nous découvrent les moyens seurs d'en avoir; c'est ce que le public trouvera dans ce present Livre. Fait à la Pepiniere du Roy, au [...] près Paris, ce 25. Septembre [...]

GALLON.

SOMMAIRE

DU

PREMIER LIVRE.

METHO

METHODE
FACILE POUR ELEVER
ET
GOVVERNER
LES MOUCHES A MIEL.

CHAPITRE I.

De la naissance des Mouches à Miel.

LE Couvain ou Embryon, dans son commencement n'est que comme une chiasse de Mouche, commune d'où sort un petit ver par le moyen de la chaleur qui croist peu à peu, & devient enfin une Nymphe ou Mouche toute blanche, qui mué dans la suite, & sortant de son trou,

A

descend au bas de l'ouvrage sur les sieges, & autour des ruches, où les vieilles meres les nourrissent, jusqu'à ce qu'elles puissent aller aux champs, & se separer en Jetton.

D'autres tiennent que les Mouches à Miel ne vivent qu'un an, & qu'elles se perpetuent par l'éjaculation d'un germe court & grêle comme la pointe d'une épingle dans le fond de leurs petites cellules de cire, remply d'une eau cristaline qui s'épaissit par la chaleur des Mouches, dont se forme la Mouche peu à peu, comme le poussin du germe de l'œuf; ainsi la cire qui reçoit cet Embryon contribuë à l'animer & à luy donner la vie. Aprés que ces petites Mouches sont sorties de leurs cellules, où elles ont pris naissance, elles les remplissent de miel en la saison.

Il faut remarquer que la cire estant vieille, & qui a passé trois ans, est incapable de recevoir cet Embryon, étant trop dessechée, ce qui se connoist ainsi: la cire blanche est d'un an, la jaune de deux ans, & la noire de trois ans & plus.

Il y a deux sortes de Couvain: le premier est celuy d'Automne, qui se con-

fervé l'Hyver dans les ruches fcellé &
cacheté d'une pellicule de cire avec la
provifion neceffaire : il écloft vers le
mois de May, quand les chaleurs font
venuës ; ce Couvain eft fort & robufte,
& c'eft de luy que viennent les premiers Effains.

Le fecond Couvain fe fait & écloft
depuis le mois de May, jufqu'à la fin de
Juillet:il n'eft pas fcellé comme le premier : il eft dans l'ouvrage neuf au bas
du panier ou ruches, au lieu que le premier eft au milieu de la ruche.

CHAPITRE II.

Du Roy des Mouches à Miel, & de fa connoiffance.

TOus ceux qui ont écrit des Mouches à Miel & de leur gouverne-
ment ont reconnu qu'il eftoit monar-
chique : que chaque ruche a fon Roy
& fes Officiers , qui femble ordonner à
chacune ce qu'elle a à faire : on con-
noift le Roy & fes Officiers par leur
taille. Le Roy eft prefque de moitié

plus grand que les autres Mouches, son
ventre est plus gros, qui se termine en
pointe, celuy des autres estant rond. Il
a un aiguillon, mais sans venin, aussi
ne s'en sert-il point. On a veu des personnes en manier & les tenir dans leurs
mains nuës pendant un long-temps,
sans en avoir receu aucune atteinte. Sa
teste est petite à proportion de son
corps : ses aîles & ses pieds sont plus
courts qu'aux autres Mouches : sa couleur est d'un jaune aurore ou dorée : son
corps est plus menu & plus long, & de
couleur dorée : ses Officiers sont plus
gros que les Mouches ordinaires ; c'est
le Roy qui donne le mouvement à tout
le reste : s'il sort de la ruche, toutes les
Mouches le suivent en mesme-temps:
s'il s'attache en quelque endroit, toutes
les Mouches l'environnent, & ne l'a-
bandonnent jamais. Il a toûjours une
vingtaine de Mouches pour sa garde
ordinaire, & demeurent mesme auprés
de-luy quelques temps aprés sa mort,
comme pour luy rendre les derniers de-
voirs.

Le Roy ne sçauroit souffrir de com-
pagnon ; quand il s'en est formé plusieurs dans un mesme Essain, les Mou-

ches se partagent, & de-là vient la guerre, où les plus foibles succombent dans
le combat ; ou s'ils prennent chacun
une demeure separée, ils perissent tous,
dautant qre pendant la division, les
Abeilles n'amassent rien, & le temps
de la recolte se passe : ainsi quand on
voit plusieurs pelotons autour d'une
ruche, c'est une marque qu'il y a plusieurs Rois ; il faut faire ce que nous di-
rons cy-aprés, quand on s'en apperçoit
pour mettre la paix, & faire profiter les
Essains.

Il y a aussi de faux Rois dans les Ruches, venant de dehors comme bâtarts,
pour tyranniser les Mouches à Miel ; ils
se connoissent par leur laideur à les
voir sales, noirs, velus, surpassans en
grandeur les bons, bruyant horrible-
ment, ce quilles fait discerner facilement.

CHAPITRE III.

De la maniere de connoistre les bonnes
Mouches.

IL est constant que, quoy que toutes
les Mouches à Miel amassent la cire

& le miel, elles font neanmoins de plufieurs efpeces, & differentes en bonté.

On les diftingue par leur grandeur
ou petiteffe, par leur couleur & par leur
ouvrage; fa premiere efpece font les
petites mouches, elles fôt polies, nettes,
luifantes au Soleil d'un jaune aurore,
avec un peu de poil entre les aîles; elles
fe mêlent fouvent avec les groffes, ce
qu'il faut empêcher, parce que c'eft
leur ruine.

La feconde efpece font noirâtres,
leurs corps plus gros, le poil gris, les
bouteilles plus grandes que des premieres, elles font auffi moins privées, &
moins bonnes à garder.

La troifiéme efpece font de moyenne
groffeur & de couleur grife; elles font
fauvages, demeurent peu aux paniers
qu'on leur donne, & font déferter les
Mouches domeftiques en envahiffant
leur butin.

Les dernieres viennent des bois, font
groffes, de couleur brune, leurs bouteilles font de moitié plus grandes que
celles des autres. Pour ne pas confon-
dre ces efpeces, il faut particulierement
fe regler fur leur ouvrage, qui eft ou
plus ou moins grande. Les deux pre-

mières espèces sont les meilleures à garder, parce qu'elles se conservent plus
long-temps dans leur bonté : il faut remarquer que les vieilles Mouches qui
ont demeuré long-temps dans les paniers sans sortir, deviennent toutes
noires.

CHAPITRE IV.

Ce qu'il faut observer en achetant les
Mouches à Miel.

IL faut premierement que les paniers
soient pleins d'ouvrages & de Mouches à proportion. Secondement observer leur âge par la cire : si elle est blanche, elle est de l'année : si elle est entre
jaune & brune, de deux ans : si elle est
presque noire, de trois à quatre ans. On
pourra se tromper si les paniers ont esté
châtrez : il faut examiner la cire en
haut & en bas. Les vieilles mouches de
quatre & cinq ans ne vallent rien à
garder : les Essains mesmes qui en sortent, ne sont pas de la moitié si bons
que ceux des jeunes Mouches.

Troisiémement , prendre garde s'il n'y a ny vers ny tigne , en ce cas il les faudroit faire mourir avec le souffre.

Quatriémement, s'il y a deux Essains ensemble , ce qui se connoist par un grand gâteau qui fait la separation de chaque Essain, qui reconnoist son Roy, sans se mêler avec le voisin. Ces paniers jettent rarement , parce qu'ils ne font pas de Coüvain d'Automne , ils sont ordinairement composez de deux especes de Mouches.

Cinquiémement , il faut acheter de jeunes Mouches vers le mois d'Octobre: on connoist la bonté d'un panier en l'élevât avec les mains hors de la planche par son poids , pendant qu'une autre personne observe par dessous la qualité & quantité de la cire , aussi bien que des Mouches. On peut pour voir l'ouvrage plus aisément les en fumer, comme il sera dit cy-aprés.

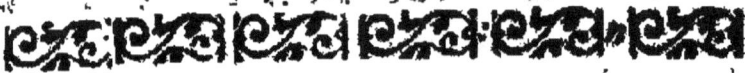

CHAPITRE V.

Du temps propre pour transporter les Mouches à Miel.

ON peut transporter les Jettons si-tost qu'ils sont bien arrestez dans leurs ruches ; mais on n'achepte les Mouches à Miel pour l'ordinaire, que depuis la fin d'Aoust, jusqu'à la Touf-faints, & on ne les peut transporter seurement que depuis le commencement de Novembre, jusqu'à la my-Mars : si on les transporte plus tard elles retournent aux places d'où on les a tirées, y eut-il deux lieuës, où elles meurent plûtost que de revenir à leurs ruches. Il faut choisir un temps sombre & plu-vieux, & non pas un temps de gelée.

On envelope les ruches avec des napes quand on les transporte ; & afin de ne les pas trop émouvoir, on se sert de civieres ou d'un bâton porté sur les épaules de deux hommes, où la ruche est suspenduë : les chevaux & charettes ne valent rien pour le transport. Qnád
A v

on place les Mouches, il faut les exposer, si l'on peut au mesme aspect du Soleil qu'elles avoient, & qu'elles sortent
par le mesme endroit.

On peut les mettre selon la commodité des lieux sur des sieges de pierre,
ardoise, planches, pieds d'arbres, &c.
les ronds sont les meilleurs; car la pluye
qui tombe, ne noircit point le miel &
l'ouvrage. Quand on met les ruches sur
des planches, on doit faire deux égoûts
en forme de toit.

Il ne faut point souffrir de trous sur
les sieges, mais les boucher avec mastic
ou fiente de vache, parce que les vers se
forment dans ces endroits, s'y amassent
& nuisent notablement aux Mouches.

Il faut éloigner les sieges de terre
environ demy pied, & les faire porter
sur des pieux, pour empescher que les
souris, crapaux & fourmis ne détruisent
les Mouches.

On peut encore faire des sieges avec
du plastre, ou de la terre rouge bien
corroyée, mêlée de tuillots, ce qui est
à meilleur marché.

Ne les mettez jamais sur des pierres
biscornues, comme on fait en quelques
lieux de la Brie. Les souris y trouvent
trop leur compte.

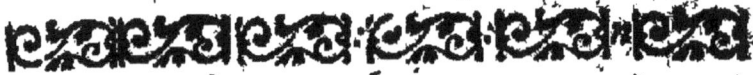

CHAPITRE VI.

Du lieu necessaire pour placer les Mou-
ches pour leurs nourriture.

LEs Mouches se plaisent beaucoup
plus en certains lieux qu'en d'autres, & par consequent y profitent davantage. Les lieux qui sont à l'abry du
Septentrion & du couchant, & sur tout
les vallées qui sont arrousées de quelque ruisseau, & environnées de prairies
sont les plus propres.

Les Mouches qui sont placées dans
les bois taillis, profitent beaucoup,
mais elles sont sujettes à estre pillées
par les Mouches étrangeres, ce qui les
fait périr, outre que l'on arreste difficile-
lement leurs Essains.

Les montagnes couvertes de serpolet,
marjolaine, briere, &c. sont favorables
aux Mouches, pourveu qu'elles soient
à l'abry du gros vent; le miel s'y re-
cuëille plus abondamment qu'ailleurs,
& est meilleur.

Les animaux domestiques ne doivent

point approcher du lieu où sont les Abeilles : on les doit tenir bien clos. Aux pays froids, comme la Bretagne, Normandie, Picardie, Flandres, on les met dans des trous que l'on fait aux murailles des maisons : il y en a peu emmy la place, on les expose au midy le long des murs.

On peut leur bâtir des petites demeures ou logettes, ce qui est le meilleur.

L'exposition au Soleil Levant d'Automne dans les pays plus chauds est la meilleure ; elles sont par là moins paresseuses & vont aux champs plus matin.

Il faut prendre garde de les placer en lieu sale, haïssant toutes sortes de mauvaises senteurs, comme marécages, bourbiers, fumiers, retraits & semblables endroits puants; comme aussi empescher la frequentation de toutes especes de bestes, volailles & autres.

CHAPITRE VII.

Comment il faut placer les ruches sur les
sieges & les arranger.

ON laisse reposer les Mouches nouvellement apportées sans les dé-
bander qu'il ne soit nuit. On se fait
connoistre à elles peu à peu en les visitant, ce qui les rend moins farouches.

On les peut fumer doucement avec
de la bouze de vache séche, ou paillé
d'avoine. Si elles sont trop fâcheuses
à mettre sur les sieges, la fumée les fait
retirer sans leur nuire.

Vous devez observer en les plaçant
trois sortes de paniers. Premierement
les vieilles souches. Secondement les
souches de l'année précedente, & les
foibles qui n'ont pas jetté. Troisiémement les Essains de l'année.

Il faut premierement placer au premier rang les plus fortes pour resister
aux Mouches larronnesses, guespes &
freslons.

Secondement, il faut éloigner les

foibles des fortes, & ne les pas mettre les unes auprés des autres : les fortes pillent les foibles.

Troiſiémement, il faut placer enſemble celles de même eſpece, & ne les pas mêler.

Quatriémement, ne mettez jamais d'autres Mouches contre celles qui ne veulent pas jetter dans la ſaiſon, & ſpecialement les nouveaux Eſſains, parce qu'elles les feroient déſerter.

Cinquiémement, à l'égard des foibles ſouchés & Jettons de l'année précedente, pour les bien placer, il faut voir vers le Printemps, qui eſt la ſaiſon propre à les tailler ou châtrer : ſi elles ont beaucoup de Mouches, en ce cas les laiſſer en leur place, parce qu'elles ſe fortifieront avec le temps ; ſi au contraire ils ſont foibles & reſtez avec peu de Mouches, vous les mettrez à l'Eſſain comme les derniers Jettons.

Sixiémement, quand on ne les trouve pas bien placées, il faut attendre comme il a eſté dit le commencement d'Octobre, pour les tranſporter en les fumant doucement.

CHAPITRE VIII.

*Le moyen de conserver les Abeilles
pendant l'Hyver.*

PRemierement, il faut dés le mois
d'Octobre se deffaire des Ruches
foibles qui n'ont pas de provision pour
l'Hyver ; pour celles que l'on conserve
il faut enduire ou bauger les Ruches
par le bas avec du mortier fait de bouse de vache & de terre jaune ou de cen-
dre, & ne laisser qu'un petit trou ouvert au Soleil de neuf heures ; au devant duquel on peut mettre une petite
grille semblable à celle qui est repre-
senté au commencement de ce Traité.

Secondement, il faut les visiter souvent pour prendre garde si les souris &
autres animaux ne font point de trous
pour y entrer.

Troisiémement, ne les point laisser
sortir pendant les neiges & les rigueurs
dé l'Hyver, qui ne les fait point mourir, quelque grand qu'il soit, pourveû
qu'elles ne sortent pas ; & que la pluye

où la neige ne perce pas les paniers.

Quatriémement , la faim les fait
souvent mourir dans cette saison , premiérement quand il y a trop peu de
Mouches pour échauffer la Ruche, d'où
il arrive que le miel devient dur comme la pierre , & que les Abeilles n'en
peuvent user. Secondement, quand l'Esté
n'a pas esté favorable pour faire une
bonne provision , on remedie au premier inconvenient, en les mettant dans
un lieu un peu chaud ; & au second en
leur donnant de la nourriture , comme
il sera dit cy-aprés.

CHAPITRE IX.

De la maniere de tailler les Mouches, & a'en tirer le miel.

PRemiérement , il faut chastrer les
paniers qui sont forts & bien pleins;
parce que si on ne le fait pas, les Mouches deviennent faineantes par l'abondance , & se laissent piller par les plus
vigoureuses qui sont faites au travail:
d'où vient qu'un panier n'est jamais

bon deux années de suite.

Secondement , quand elles ont esté taillées, elles vont à la campagne avec plus d'ardeur, elles épargnent leur provision , elles font plûtost un second Couvain , l'ouvrage neuf y estant plus propre que le vieil.

Troisiémement , on coupe tout ce qui est noir & gâté dans les Ruches que les Mouches abandonnent sans y rien mettre,& où les vers & les guillots se forment aisément.

Quatriémement,on voit ce qui manque aux paniers : la fumée, dont on se sert, rend les Mouches plus vigoureuses, dissipe l'humidité de l'Hyver ; & l'on voit par le Couvain si l'on aura besoin de beaucoup de Ruches ou non.

On se sert pour les tailler d'un coûteau courbé , dont la forme est representée au commencement. On employe la fumée pour faire resserrer les Mouches : elle se fait avec un toupillon de vieux linge,ou un peu de foin que l'on met dans un pot de terre, le plus pressé que l'on peut , afin qu'il brûle plus long-temps.

On doit avoir une chaise ou une selle à cuvier, où seront attachez deux botteaux de paille, comme les Couvreurs en mettét à leurs échelles. Quelques-uns renversent les paniers contre le dos de la chaise, les autres les mettent sur la selle à cuvier accommodée. La fumée se doit faire avant que de les remuer, en élevant un peu le panier, & elle doit environner celuy qui taille, qui par là est exempt d'estre piqué.

Il faut enfin avoir de l'eau auprés de soy pour tremper le coûteau, autrement il ne coupera pas l'ouvrage nettement.

CHAPITRE X.

Observations à faire sur la taille des Mouches à Miel.

PRemierement, on prend une belle journée vers la my-Mars, laissant passer les grandes froidures.

Secondement, il ne faut pas prendre le Couvain pour le miel, ce qui gâteroit tout : le Couvain se connoist par les bouteilles qui l'enferment, & qui sont sellées d'une pellicule blanche, & elles sont autour du panier & à la couronne ordinairement.

Troifiémement, il faut prendre garde de ne pas découvrir ce Couvain,
mais laiffer contre luy un gâteau de
cire, car autrement il periroit, & ne
pourroit éclore dans le temps, les Mouches n'y allant pas.

Quatriémement, on taille fort haut
les vieux paniers qu'on veut conferver,
pour en ôter le vieil ouvrage. On fe
doit contenter de couper cinq ou fix
pouces d'ouvrage aux jeunes paniers,
qui font pleins, & aux autres qui ne
font pas pleins de rafraîchir un peu le
vieil ouvrage. En ôter davantage, c'eft
retarder les Effains.

Cinquiémement, fi les paniers ont
efté hauffez vers la S. Jean précedente,
on coupera tout l'ouvrage qui eftoit
dans la hauffe, & cinq pouces plus haut,
s'il n'y a point de Couvain. On peut
laiffer les hauffes fi les Ruches font
trop petites.

Sixiémement, on connoiftra fi les
groffes Mouches fauvages fe font mêlées avec les autres par les bouteilles,
qui font plus grandes, en ce cas il les
faudra faire mourir, afin qu'elles ne
faffent perir le refte des Mouches.

Septiémement, aprés la taille on ne

toye les Ruches, & les planches, ou
ſieges ; on les rebouche, on remet la
petite grille, ſi le temps eſt encore rude & fâcheux ; ſinon celle qui eſt à larges trous, ſi le temps eſt doux, elles
prennent l'air, & s'en portent mieux
d'aller aux champs. Sur tout ne donnez
pas trop d'ouverture devant la my-
May, cela les expoſeroit au pillage.

SOMMAIRE
DU
SECOND LIVRE

LIVRE · SECOND.

CHAPITRE. I.

Des ruches ou paniers à mettre les Essains ou Iettons.

LEs ruches sont differentes selon les lieux : en Bourgogne elles se font avec des ais : aux environs de Paris, il s'en fait de verre pour la curiosité : en Brie & en Champagne, on employe la troüesne, la bourdaine, la viorne & l'ozier : en Bretagne, Normandie & Picardie on les fait de paille. Il faut suivre l'usage des lieux où l'on se trouve.

Les paniers ou ruches de paille sont approuvez par tout, coûtent moins, sont chauds & secs, n'engendrent rien de nuisible aux Mouches : elles resistent mieux aux mauvais temps & à la pluye, la chaleur est moins à craindre. Les mouches y entrent plus volontiers, elles desertent plus rarement, se ma-

nient plus aiſément, & ſe tranſportent
avec moins de peril : il eſt vray que la
ſouris eſt à craindre.

Des bois cy - deſſus, l'oʒier eſt le
moindre : ne l'employez qu'au beſoin,
il produit un ver qu'on nomme Artu-
ron, qui petrifie le miel & chaſſe les
mouches.

Il faut couper ces bois en decours de
peur du ver. Il ne faut point employer
de jonc ny de roſeaux. Tout ce qui vient
du marécage porte une odeur que les
mouches haïſſent : il faut même faire
en ſorte que les ruches de paille ne ſen-
tent point la ſouris, & celles de bois le
relan' ou quelque odeur fâcheuſe, qui
les feroit fuïr de leurs ruches.

Il faut mettre dans les ruches des bâtons en croix, pour tenir l'ouvrage fer-
me.

Les ruches doivent eſtre au moins
d'un tiers plus longues que larges : le
deſſus doit être en voûte pour le mieux.
Elles doivent avoir une bonne aſſiete
par le bas, afin de n'eſtre pas ébranlées.
Il ne faut pas qu'elles ayent la forme
de cloche, qu'elles ſoient étroites en
haut & larges par le bas. Les grandes
ruches doivent avoir quinʒes pouces

de

de large, & vingt-trois de hauteur : les
moyennes treize de large & vingt de
hauteur. Les petites onze de large &
dix-sept de hauteur : il faut avoir de
ces trois sortes de ruches, & les donner
aux Essains à proportió de leur grosseur.
Les grandes serviront à loger les premiers Essains, qui viennent jusqu'au
10. ou 12. Juin : les moyennes, ceux
qui viennent depuis le 12. Juin, jusqu'à
la S. Jean, & les petites les derniers. Il
faut bien observer ces proportions; car
si l'on donnoit de petits paniers aux
premiers Essains, ils donneroient des
Jettons dés la même année, qui ne pourroient amasser de provision, & la souche affoiblie periroit aussi. Les grandes
ruches sont également contraires aux
petits Essains, qui ne songent qu'à bâtir & à amasser de la cire, & laissent
passer la recolte. Il faut enduire les ruches faites de tronësne, ozier & autres
branchages au dehors avec de la char-
rée, qui sort des lexives ou de la terre
rouge, on en fait un mortier avec de
la bousée de vache, que l'on mêle en
même quantité. Tout le bois doit estre
couvert, pour ne pas donner prise aux
vers : on n'employe point la terre seule,

ny le plâtre, ny la chaux, comme contraires aux mouches.

Pour se servir des ruches, il faut auparavant les passer legerement sur la flâme faite avec de la paille, puis les frotter en dedans avec des feüilles de coudre ou de féves, & à la fin d'un peu de mellisse, qu'on appelle en quélques lieux piment ou orpiment. Quelques-uns jettent au fond deux ou trois cuïllerées de miel & de vin délayez ; d'autres y mettent de la cresme, la seule mellisse suffit au besoin. Il y en a même qui se servent d'urine toute seule & fort heureusement.

Les ruches qui ont déja servi, peuvent estre employées, quand elles sont assez bonnes, & qu'elles n'ont pas esté attaquées du ver ; s'il y en a quelques-unes qui sentent le souffre, il les faut laver avec de l'urine, ou de l'eau de bouse de vache, les passer sur la flâme, & les enduire de nouveau, s'il en est besoin.

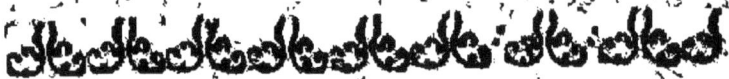

CHAPITRE II.

Du temps que les Essains sortent de leurs ruches.

LEs Essains sortent & abandonnent leurs ruches, quand ils sont assez forts pour gagner leur vie, & faire provision : ils sortent plûtost ou plus tard, selon que la Lune de May se comporte, & que le temps est chaud ou frais, d'où vient qu'aux pays chauds les Essains sortent de meilleure heure, aux environs de Paris & aux pays de même temperature, la saison est depuis le mois de May, jusqu'à la S. Jean. Ceux qui viennent ensuite difficilement peuvent-ils réussir.

Il arrive quelquefois qu'il paroist des Essains avant le temps ; mais il ne faut pas se tromper : car ce sont souvent de vieilles mouches, qui abandonnent leurs paniers faute de provision, ou qui en sont chassées par de plus fortes : il y a aussi des petits Essains, qui n'ont pas quité la ruche avant l'Hyver, & qui

se sont rangez dans un coin, qui sortent
au premier beau temps: ils peuvent tous
réüssir, si l'on peut les arrester dans les
ruches, ce qui est fort difficile à faire.

CHAPITRE III.

Des signes que les Mouches & Essains veulent jetter.

LEs jeunes mouches sortent, parce
que la place ne suffit pas pour les
contenir, ou que les meres les chassent.
C'est une marque qu'elles veulent sortir quand elles descendent sur les sieges vers lamy-May.

Les Essains qui doivent sortir des paniers de l'année precedente, sont souvent deux ou trois feintes de sortir &
rentrent, ils jettent neanmoins bien-
tost aprés : le pis est qu'il se trouve souvent d'autres Essains en l'air qu'ils
amennent avec eux dans leurs paniers,
ainsi l'on voit des deux ou trois Jettons qui se font tuer par les mouches
domestiques.

Les vieilles Souches chassent leurs

Essains, auffi-toft qu'ils font en état
de voler ; & s'ils veulent retourner, elles
les tuënt ; c'eft à ces paniers qu'il faut
bien prendre garde.

Les Jettons de l'année précedente, mêmes les Souches jettent peu qu'on ne
voye de petites mouches oifives, à la
portée des ruches qui y rentrent la nuit.

On voit auffi des Bourdons, qui font
de groffes mouches fans aiguillon, fortir à la chaleur du jour, & faire du bruit
devant les ruches, quand les mouches
font preffes à fortir.

On voit encore fur terre courir de
jeunes mouches inhabiles à voler, à
caufe qu'elles ont les aifles gâtées, que
les autres chaffent de la ruche.

On remarque encore que quand les
mouches veulent jetter, elles font oifi-
vés deux ou trois jours auparavant, &
ne vont prefque point aux champs depuis les neuf heures du matin, jufqu'au
foir.

Les Effains font quelques-fois plufieurs feintes de fortir ; & l'on dit que
cela vient ou des mouches étrangeres,
qui les y provoquent, en voulant prendre leurs places, & y mettre leur Con-
vain, ou de ce que les plus fortes prés

voquent celles qui font encore foibles,
ou enfin de l'intemperie de l'air, & même de la grande chaleur qui les oblige
à fortir pour fe rafraîchir.

Les mouches rentrent encore dans
leurs ruches, quand il fe trouve deux
ou plufieurs Rois d'un même Couvain,
comme il arrive fouvent ; fi bien que
ne voulant pas ceder l'un à l'autre, ils
retournent d'où ils font fortis, en attendant une autre occafion. Quelquefois auffi il y a une fi grande quantité
de mouches en l'air, & elles font un fi
grand bruit, que ne fe connoiffant pas
les unes les autres, elles retournent à
leur panier.

On a obfervé que quand les Effains
ont envie de bien faire & de ne pas retourner, les mouches ne s'écartent pas ;
& qu'au contraire elles fe tiennent ferrées, & s'attachent au premier arbre
qu'elles rencontrent ; au contraire celles qui veulent retourner viennent font
beaucoup de bruit, & s'écartent fort.

Quand les mouches fortent en colere, ce qui paroift lors qu'elles fe jettent
fur les perfonnes, il ne faut pas les mettre d'abord dans les ruches, mais attendre fur le foir.

CHAPITRE IV.

D'où vient qu'en certaines années les Mouches ne donnent presque point d'Essains.

PRemierement, quand les Mouches n'amaffent pas beaucoup pendant l'Efté, & que l'Hyver fuivant eft long, comme elles ont confommé leur provifion de bonne heure, elles languiffent & font trop foibles pour donner des Effains, jufques-là qu'elles mangent leur Couvain pour ne pas mourir de faim, & quelquefois mêmes elles mangent la cire.

Secondement, quand il s'eft perdu beaucoup de Mouches par la rigueur du Printemps, caufée par les vents & le froid, foit à la campagne, foit ailleurs, elles confervent pour fe fortifier les premiers Effains, qui devroient fortir, & tüent leur Roy, de peur qu'il ne les emmennent.

On remarque auffi que les paniers trop pleins de miel empêchent les Mou-

ches de jetter , parce que la trop grande froideur incommode les mouches , &
empêche le Couvain de réuſſir.

CHAPITRE V.

Comment on connoiſt qu'une ruche ne
jettera point de l'année.

CEla ſe connoiſt premierement ſi les
mouches jettent dehors leurs petits Bourdons bien formez & preſts à
voler avant la Saint Jean.

Secondement , ſi le panier eſt leger
& foible de proviſion au Printemps, il
fera un Couvain à diverſes fois gou-
verné par pluſieurs Rois, & remply de
Mouches adultérines qui ſe mettent autour des paniers , dont elles ne veulent
point ſortir de peur qu'elles ont, la ſaiſon eſtant avancée , de ne pouvoir pas
amaſſer de proviſion ſuffiſante pour les
empêcher de mourir de faim l'Hyver
ſuivant.

Troiſiémement , quand une ruche a
eſté pillée par les mouches larróneſſes,
les domiciliaires employent le Prin-

temps à réparer leur perte, & ne se
deffont point des jeunes qu'elles regardent comme un secours en cas d'une seconde alarme.

CHAPITRE VI.

*Pour empêcher les Mouches de jetter
leurs Essains.*

C'Est une prudence d'empêcher les
mouches de jetter, quand les souches en deviennent par trop foibles:
foiblesse qui engendre la teigne & les
vers, & qui attire les mouches larronnesses.

Pour empêcher ces desordres, il faut
faire deux choses.

Premierement, tourner les paniers le
devant derriere, en bouchant la premiere entrée, & en faisant une autre sur
le devant; cela suffit pour les ruches qui
sont fort legeres, parce qu'elles sont
peu fournies de miel, qui n'estant ordinairement que d'un costé, les mouches se trouveront obligées de travailler de l'autre, & fuiront le jeune

B v

Roy pour conserver le Jetton dans la ruche.

Mais si le panier est bien plein de miel, & qu'il y ait peu de mouches, outre ce que dessus, vous y mettrez une hausse convenable: les mouches voyant du vuide dans leur ruche conserveront leurs Essains pour leur ayder à les remplir, & tout ira bien. Qui est la seconde chose à faire.

Il arrive quelquefois que les mouches jettent malgré tous vos soins : il faut prendre garde aux vers & à la teigne, qui font enfuir les Mouches & abandonner leurs paniers. Quelquefois aussi elles sortent pour se délivrer de la persecution des grosses mouches agrestes, longues, noires, veluës, ausquelles elles abandonnent leur maison : les Essains de l'année précédente y sont les plus sujets.

Quand il se trouve de ces paniers qui jettent malgré qu'on en ait, il s'en faut deffaire, parce qu'ils ne réussissent jamais, & perissent ordinairement, ou par la teigne l'Hyver, ou au plus tard dans le mois de Juin, & nuisent ordinairement aux autres Mouches : il faut donc observer le temps qu'ils ont dû miel pour les faire mourir.

On peut icy obſerver que les bonnes Mouches à miel ne jettent jamais deux fois quand on leur donne des hauſſes convenables, & qu'il eſt à propos de leur en donner, afin qu'elles ne jettent qu'un Eſſain:les ſeconds & troiſiémes ne réuſſiſſent que fort rarement.

CHAPITRE VII.

Comment il faut faire ſortir les Eſſains qui s'opiniâtrent à ne point jetter,quoy que les ruches ſoient plétnes de Mouches, & qu'elles ſe mettent ſous les planches.

IL faut remarquer premierement, avant que de ſatisfaire à cette queſtion, que les Jettons ſe mettent raremêt ſous les ſieges avant le 10.de Juin, pour lors elles attendent que leur compagnie ſoit complette pour ſe mettre en campagne, ou quelque jour qui leur ſoit propre.

Secondement, que ce ſont quelquefois de vieilles Mouches chaſſées de

leurs ruches par les agreftes & larronneffes. Elles fçavent que ces mouches
ne demeurent pas long-temps dans les
paniers, & ainfi elles attendent d'y rentrer, & là faifon de jetter fe paffe.

Troifiémement, cela arrive aux foibles Effains ordinairement, qui faifant
plufieurs Couvains, ont par confequent
plufieurs Roys, qui divifent la troupe
& les empêchent de fe mettre aux
champs.

Cela vient enfin de quelques Effains,
qui fortant fans qu'on y prenne garde,
ou venant d'ailleurs, & n'ayant point
de maifon, s'attachent où ils peuvent.

Voicy prefentement ce qu'il faut faire pour les obliger à fortir, ou au moins
à rentrer & travailler, lors qu'elles s'o-
piniâtrent à demeurer dehors, ce qu'il
ne faut jamais fouffrir, parce qu'elles
perdent leur temps inutilement.

Il faut donc premierement hauffer
les ruches avec des morceaux de bois
ou tuileaux, comme il fera marqué cy-
aprés par quatre endrois, l'air fortant
des ruches obligera les Effains à fe fé-
parer de leurs meres.

Secondement, découvrez vos ruches
une heure & demie au plus dans la plus

grande chaleur du jour : les y laisser plus long-temps découvertes, on s'exposeroit à faire fondre le miel dans les ruches & tout ruiner ; cela oblige souvent les meres à chasser leurs Jettons.

Troisiémement, on peut les faire rentrer avec la fumée, elle vaut mieux que la chaleur, & les Essains sortiront au premier jour commode.

Quatriémement, si l'Essain estoit sous le siege, tâchez d'enlever la souche ailleurs aprés Soleil couché ; prenez ensuite le siege, le renversez le haut en bas, couvrez l'Essain d'une ruche accommodée ; les mouches y entreront, & le lendemain du matin vous les mettrez ailleurs, & la souche en sa place. Il y en a quelques-uns qui secoüent rudement la souche sur une serviete, & y jettent une ruche, lors qu'ils y voyent assez de mouches pour la remplir, & ensuite la remettent en sa place ; quoy que cette methode ne réüssisse pas toûjours, elle n'est pas cependant inutile, car quelquefois les mouches jettent au premier beau temps.

Cinquiémement, dans les pays médiocrement chauds, quand le 17. de Juin est passé, il se faut contenter de

leur donner des hauſſes pour les faire
rentrer : les mouches deviendront ſi
fortes, qu'elles donneront de forts bons
Eſſains dés le mois de May l'année ſuivante.

CHAPITRE VIII.

Du jour & de l'heure que les Eſſains
ſortent de leurs ruches.

ON ne peut ſçavoir infailliblement,
ny l'un, ny l'autre ; mais l'experience a appris que les mouches, avant
que de ſortir, font plus de bruit qu'à
l'ordinaire, on entend quelques-unes
en preſtant l'oreille qui ſe diſtinguent
des autres par un petit chant agreable,
qui eſt comme la trompette qui les
avertit du départ qui doit eſtre fort
proche, comme de deux, trois ou quatre jours : il faut attendre que le Soleil ſoit couché, & s'approcher de la
ruche, pour ouïr aiſément & ſûrement
cette petite harmonie.

Secondement, dans le jour qu'elles
partent, elles vont aux champs, plus

matin, reviennent de meilleure heure,
& demeurent chargées de leur cire contre les paniers.

Troiſiémement, quand l'heure eſt venuë, il ſe fait dans la ruche un merveilleux ſiléce qui dure quelque temps;
& auſſi-toſt que la premiere ſort, les autres ſuivent en foule, & ſont dehors en un moment.

Quatriémement, les Eſſains ſortent à des heures differentes, ſuivant les differentes expoſition de leurs ruches vers le Soleil. Celles qui regardent le Levant jettent depuis ſept à huit heures du matin, juſques à une heure ou deux aprés Midy. Celles qui regardent le Midy jettent quelques heures plus tard. Celles qui ſont expoſées au Couchant donnent leurs Eſſains depuis 10. à 11. heures, juſques à 3. Cela n'arrive pas toûjours également. Car dans les temps chauds & étouffans les mouches dans toutes les expoſitions jettent à toute heure depuis huit du matin, juſques à quatre du ſoir. Les temps de pluye & de grand vent empêchent les Eſſains de ſortir; ſi cependant ce n'eſt qu'une petite pluye douce, il y faut ſoigner, parce qu'elle les excite à quiter leurs

ruche ; cette forte de pluye augmen-
tant leur force. Gardez fur tout les vieilles fouches, qui n'avertiffent pas fouvent de leur départ, les jeunes paniers
n'en ufent pas de même. Gardez foigneufement les mouches depuis lamy-
May, jufqu'à la Saint Jean.

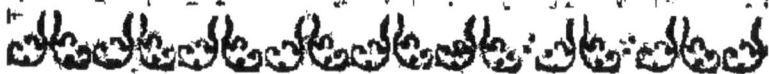

CHAPITRE IX.

Ce qu'il faut faire pour arrefter les Effains
en fortant de leurs ruches.

IL eft à propos que le lieu où l'on met
les mouches foit planté de petits
Arbres, comme pommier, poiriers, cerifiers ou pruniers, ils font plus commodes que les grands, pour en retirer
les Effains.

Il faut remarquer encore qu'il eft
bon de mettre les mouches dans un
lieu frequenté, elles font moins farouches, & fe laiffent prendre plus aifément.

Tout le monde fçait que l'on employe le fon des chaudrons, baffins,
poeffes ou tambours pour arrefter les

mouches quand elles fortent ; mais il
faut prendre garde de ne pas fonner
que les mouches de l'Effain ne foient
entierement forties du panier , parce
qu'il y en pourroit refter, qui croiroient
qu'il y auroit de la tempefte en l'air ; &
il me femble que c'eft pour cette raifon
que les Effains fortent à plufieurs re-
prifes : il faut auffi frapper doucement
le trop grand bruit les éleve , & elles
ont de la peine à fe rabatre ; c'eft un
bon figne quand l'Effain fortant , les
mouches volent bas , elles s'attachent
aifément ; mais au contraire quand d'a-
bord elles s'élevent , c'eft une marque
prefque infaillible qu'elles fe perdront,
fi on ne les fuit en diligence, quand on
voit une partie de l'Effain, il faut ceffer
le fon , & les laiffer en paix.

CHAPITRE X.

Ce que l'on doit prevoir avant que de
prendre les Jettons.

IL faut premierement prendre garde
fi les mouches font bien arreftées aux

arbres sans se mouvoir, sans quoy on ne
doit pas esperer de les prendre, mais
bien de les voir se relever plusieurs
fois : ce qui arrive particulierement,
quand il y a plusieurs Rois, & qu'elles
se mettent en differens plotons.

Secondement, on doit observer la
qualité des mouches arrestées, si elles
font bonnes ou méchantes, petites,
grosses, ou moyennes, jaunes, ou grises, ou mêlées, afin de les placer à propos.

Troisiémement, on doit voir la grosseur de l'Essain ; & si la saison est avancée ou non, afin de leur proportionner
les ruches, qui doivent estre bonnes &
bien accommodées ; & en cas que
l'Essain sorte, luy en donner une nouvelle, qui pourra estre plus à son goût.

Quatriémement, si les Essains s'at-
tachét à des arbres qui soient au dessus
ou proche des autres paniers, il ne faut
pas les secoüer, ny les mettre entre les
autres : ce seroit les exposer à les faire
tuër par les vieilles. Il faut donc attacher un panier au dessus de l'Essain à la
maniere de Normandie, ou couper la
branche, & la transporter ailleurs, si
faire se peut. Ou en cas qu'on secoüe

la branche , deux perſonnes tiendront une nappe étenduë ſous la ruche , & porteront le tout fort loin pour empêcher le deſordre.

Cinquiémement , il eſt à propos que ceux qui ſont ſouvent auprés des Mouches & qui les gardent les prennent eux-mêmes : ils ſont moins ſujets à eſtre picquez que d'autres, que les Mouches ne connoiſſent pas. Que ceux qui ont l'haleine puante ou vineuſe, ou qui ont des ulceres s'en éloignent , & ne mettent pas la main à l'œuvre ; s'ils ne veulent eſtre dangereuſement picquez, & expoſer même les Mouches à abandonner leurs ruches.

CHAPITRE XI.

Ce qu'il faut éviter en prenant les Eſſains.

IL faut faire enſorte de ne les pas mener rudement en les prenant, & les mettant dans les ruches, la douceur les gagne ; & l'on en eſt rarement picqué, quand on en uſe ainſi ; car elles ne pro-

diguent leur vie que pour la conferva-
tion de leur république ; & il eft à
craindre qu'en les irritant elles ne fe
rendent difficiles à entrer, & qu'elles
ne fe perdent.

On employe dans le befoin la fumée
de chicotin, de charlée & cutage pour
les faite entrer dans les ruches, il faut
le faire avec la même douceur pour ne
les pas aigrir.

Il faut auffi avoir une perfonne qui
garde les Effains nouvellement arrêtez
dans les ruches, qui voye fi les Mouches ne retournent pas une à une dans
leurs anciens paniers, ce qui arrive quelquefois : en ce cas, il faut les couvrir de
longs chapiteaux, nappes ou couvertu-
res contre la grande ardeur du Soleil; &
le foir eftant venu, on les met au lieu
deftiné, fans les fecoüer en les portant
& obfervant de les mettre loing des
vieilles fouches & dans un lieu feparé,
ne laiffant que peu d'entrée à leurs ruches, & ne les fouffrant pas s'arrefter
au dehors.

CHAPITRE XII.

Methode pour prendre les Essains atta-
chez aux arbres.

LEs Essains se prennent en plusieurs
manieres, comme en coupant la
branche où ils se sont attachez, la prenant à la main, & la descendant doucement, & la portant jusques au lieu
preparé, que l'on peut mettre sur une
serviete, & une ruche accommodée par
dessus, ou bien la secoüer tout d'un
coup dans la ruche, où sur la serviete
en la couvrant aussi-tost de la ruche.

Secondement, on attache une ruche
par la poignée au bout d'une perche; &
de la ruche bien apprestée dont l'entrée est en bas, on couvre l'Essain qui
entre de luy-même ordinairement; s'il
fait difficulté, on luy jette de l'eau fraîche avec un balay où l'on met un linge
moüillé au bout d'un bâton dont on
les pousse doucement dans la ruche; &
si elles s'opiniâtrent, on mett du linge
ou du drapeau au bout d'un semblable

bâton, on l'allume, & l'on approche de l'Essain, la fumée qui en sort les oblige à abandonner la place ; & quand elles sont entrées, on les descend doucement, & on les met sur une nappe au pied de l'arbre, ou bien on les met sur le siege qui leur est préparé. Les Essains pris de cette maniere, ne s'enfuyent presque jamais.

Troisiémement, on peut encore secoüer la branche sans la couper, dans une ruche préparée, que l'on tient d'une main en secoüant de l'autre, ou que l'on fait tenir par un second qui ayde à les prendre. Cette maniere est en usage en bien des lieux, parce qu'elle est plus prompte. S'il retourne des Mouches à la branche, on la secoüe de temps en temps, & enfin elles suivent les autres.

Quatriémement, si votre Essain se met en plusieurs branches, ou s'attache au gros de l'arbre, on prendra un balay de plume, ratissoire, ou de bons gros gands, & on mettra la meilleure partie dans une ruche, comme on vient de dire, que l'on renversera sur une nape, & y faisant tomber le reste qui étoit divisé, ou qui se tenoit attaché, elles

joindront leurs compagnes, & tout ira
bien, pourveu que l'on ne les irrite pas:
on peut employer la fumée de drapeau
en cas de besoin , & sur tout quand
elles se jettent dans les hayes, buyssons,
ou lieux difficiles , car pour lors elles
sortiront & s'iront mettre ailleurs , où
on pourra les prendre plus commode-
ment.

Cinquiémement, vous pouvez observer trois choses qui seront des marques , non pas à la verité infaillibles,
que les Mouches resteront dans leurs
paniers, puis qu'elles sortent quelquesfois au bout de trois, quatre, cinq jours
& davantage , mais ordinairement certaines.

Ces trois marques sont quand elles
vont aux champs, dés qu'elles sont entrées, qu'elles netoyent leurs ruches,&
l'enduisent de gomme, & qu'enfin elles
se réjouissent le soir par un bourdon-
nement qui marque leur joye ; & que
l'on entend en prêtant l'oreille , aussi
bien que le bruit qu'elles font en netoyant leur ruche pendant le jour. Si
elles n'agissent de la sorte , elles pourront bien s'enfuïr le lendemain. Il y en
a qui disent qu'il faut les enfermer dans

la maison deux ou trois jours sans les laisser sortir pour les accoûtumer, mais cela ne vaut rien.

CHAPITRE XIII.

Des Essains doubles & triplet.

QUand plusieurs Essains sortent en même temps, ils se joignent ordinairement ensemble, il faut en ce cas les separer, ou leur donner de grandes ruches, ou des quartaux & demy muits, si l'on n'en peut venir à bout autrement.

Quand les deux Essains sont à une même branche, quoy que les Mouches se touchent, s'il paroist deux plotons, on posera deux ruches dessus l'entrée en bas, comme on la marqué cy-dessus, & ils entreront separément : on met quelquefois de la charlée ou chicotin au bout d'un bâton, que l'on place entre les deux Essains, afin de les chasser chacun de son côté. Si le lieu ne le permet pas, prenez de bons gands doubles, & faites tomber un des plotons dans

dans une ruche renversée, & ensuite
vous prendrez le second.

Il y en a qui arrousent la ruche où
est tombé le premier Jetton pour l'empêcher de sortir, cela ne les fait pas
mourir.

Si les Essains estoient tellement con-
fus, qu'on ne pût les separer sur l'arbre,
on peut se servir d'une des manieres
suivantes. Premierement, on peut secoüer toute la branche sur la place, les
Mouches se mettront en deux tas, si un
des Essains se ratachoit à l'arbre, &
que l'autre demeurast en bas, ils seroiét
separez. On les doit laisser en repos
jusques au Soleil couchant. Secondement, on les peut faire entrer dans une
grande ruche : ils se mettront chacun
d'un côté de la ruche : le soir estant venu, on fumera ce panier, afin que les
Mouches ne remuent pas, & pour lors
un homme ayant le capuçon en teste &
de boñs gands aux mains, fera tomber
un des Essains dans une ruche préparée,
sans toucher à l'autre : si la premiere
ruche estoit trop grande pour le restât,
il faudroit la renverser, & luy en donner une plus petite.

Troisiémement, les deux Jettons étant

C

entrez dans une ruche bien large ; &
s'y estant reposez, vous mettrez entre
les deux une carte que vous aurez
taillée avant que de les y faire entrer,
où seront cousuës deux servietes que
vous lierez à la ruche, afin qu'elles ne
tombent pas : vous renverserez la premiere ruche en fumée, & mettrez dessus
au plûtost deux autres ruches que vous
ceindrez des deux servietes l'une auprés
de l'autre : les Essains iront chacun de
leur costé, & se sépareront ainsi. On
doit bien assûrer ces deux ruches, afin
qu'elles ne vacillent pas sur l'autre &
qu'elles demeurent fermes.

Il ne faut pas mettre deux ruches
qui auront chacune deux Essains proche l'une de l'autre, ou sur un même
siege, de peur que quelque Essain ne
quite son panier & n'entre dans le voisin, ce qui cause beaucoup de confu-
sion.

On peut aussi empêcher les Essains
de se joindre en sortant : on jette de la
poussiere ou du sable entre les deux : ou
bien en faisant de la fumée entre-eux, si
le lieu le permet, & qu'ils soient un peu
écartez l'un de l'autre ; c'est pourquoy
on doit avoir toûjours prest du foin, de

la paille & des herbes seiches & odori-
ferantes, & un fusil pour faire le feu.

Que s'il y avoit déja un Essain attaché pour empêcher les autres de se joindre à luy, il faut allumer quatre tou-
pillons de vieil linge ou drapeau aux
quatre coins de l'arbre où l'Essain est
arresté, & la fumée de ce linge empê-
chera les autres d'approcher.

CHAPITRE XIV.

*La maniere de mettre deux Essains dans
un même panier ou ruche.*

CEla se fait aisément, en secoüant
dans un même panier deux Essains
foibles attachez à de differends arbres,
ou au même; remarquez qu'on ne met
ensemble que ceux qui sont foibles:
que si les Essains sont pris à quelques
jours l'un de l'autre, il faut mettre la
ruche que l'on veut garder, aprés l'a-
voir parfumée, sur l'autre que l'on renverse, & les Mouches de celle-cy mon-
teront dans l'autre. Que s'il y avoit
sept ou huit jours que les Essains fussent

C ij

pris, il faudra enfumer la ruche avant
que de les mettre l'une sur l'autre.

On peut aussi secoüer l'Essain que
l'on veut assembler sur le siege, ou sur
une serviete, en prenant la ruche par la
poignée & frappant du bas de la ruche la terre d'un grand coup ; & aussi-
tost on couvre ces Mouches de l'autre
panier qui a déja son Essain ; avec lequel celles qui sont sur le linge se joignent ; mais il faut attendre la brune
pour le faire plus aisément.

Il arrive quelquefois que des Essains
quitent leurs paniers, & se vont mettre
avec d'autres, d'où la perte de l'un des
deux s'ensuit necessairement, sur tout
si celuy que l'on attaque est en posses-
sion depuis long-temps, ou que ce soit
une vieille souche ; en ce cas & à tout
hazard il faut enfumer cet Essain, qui
veut entrer avec de la paille, ou du drapeau, afin qu'il aille sous le siege, ou
qu'il entre dans la ruche, où les Mouches étourdies de la fumée pourront les
souffrir. Si l'Essain s'estoit jetté sous le
siege, il faudroit enfumer la souche, enlever le siege, le porter ailleurs, & mettre cet Essain dans une ruche : si elles
se sont assemblées, on peut fortement

secoüer la ruche sur une serviete moüil-
lée, où l'on aura répandu du miel qu'elles pourront ramasser.

CHAPITRE XV.

Des Essains que l'on trouve à la Campa-gne, & de ceux qui se mettent dans les trous des arbres & dans les murailles.

LEs Essains s'enfuyent, ou parce
qu'on ne les garde pas, mais quand
les Mouches sont de bonne espece, elles
ne vont pas loin, ou parce que sortant
de leurs ruches elles s'élevent tout d'un
coup fort haut, & pour lors elles ne
s'arrestent que bien loin de leur domi-
cile, & quand le Roy est las, il s'attache quelquefois au bâton, au chapeau,
ou au bras de ceux qu'ils rencontrent.

Quand on trouve quelque Essain en
l'air, il faut siffler doucement, frapper
des mains, ou avec deux cailloux, afin
que par le bruit elles s'allient & s'as-
seyent. Si elles sont trop haut, on jette
de la poussiere pour les faire abaisser.

Pour ceux qui se mettent dans les

trous des arbres, ou des murailles, s'il y a long-temps qu'ils y font, il fera difficile de les prendre ; on peut cependant les faire fortir avec la fumée, & tenter de les mettre dans une ruche, & pour ce faire plus aifément, on perce un trou dans l'arbre, ou dans la muraille au deffous de l'Effain, on y fourre un bouchon de foin allumé ; on fait enforte que la fumée paffe au trou où font les Mouches, où l'on applique une ruche préparée, la fumée faifant fortir l'Effain, il s'arrefte quelquefois dans cette ruche qu'il faut bander, & garder jufques au foir pour la tranfporter.

Quand l'Effain eft dans le trou d'un arbre, on pourroit attendant aux environs de la faint Martin, fcier l'arbre au deffus & au deffous du trou, & tranfporter ainfi l'Effain chez foy.

CHAPITRE XVI.

Maniere de faire entrer les Mouches d'une ruche en une autre sans violence.

CEla ne se peut faire utilement qu'entre les nouveaux Essains, dont les Mouches compatissent aisément ensemble ; quand donc il y en a un foible & un fort , on peut faire entrer les Mouches de l'un dans l'autre en cette maniere. Il faut placer ces deux Essains l'un proche de l'autre, ayant passé quatre ou cinq jours sur leurs sieges; on les change de place; on les laisse ainsi deux jours tout au plus , & ensuite on les remet chacun dans leur premier lieu : les Mouches vont d'un panier dans l'autre sans se reconnoître , & du plus fort au plus foible.

On peut faire la même chose au Printems ; après avoir débouché les Mouches , on les laisse voler quatre ou cinq jours , & on les change de place, comme les Essains ; mais il faut prendre garde qu'il y ait assez de miel pour

les nourrir jufques au mois de May : il
faut même ufer rarement de cette ma-
niére , parce qu'elle ne réuffit pas toûjours ; & fi on le fait , il faut que les
Mouches foient bonnes, & que l'on ne
change pas les jeunes avec les vieilles,
autrement on gâteroit tout.

CHAPITRE XVII.

Ce qu'il faut faire pour avoir de bons
paniers, & qu'ils foient bien remplis
d'Effains.

C'Eft icy le plus grand fecret des
Mouches à Miel : l'Hyver ne leur
nuit jamais : elles ne meurent , ny de
froid , ny de faim, les vers & les papillons s'y mettent rarement , & les
Mouches larronneffes ne leur donnent
point la chaffe.

Les Mouches jettent ordinairement,
ou de bonne heure dans le mois de
May , ou plus tard dans celuy de Juin.
Quand les Mouches auront chaffé leur
premier Effain dans la premiere faifon,
il en faut hauffer les ruches inconti-

nent, ou dans deux ou trois jours au
plus tard avec des hauſſes de huit, dix,
ou douze pouces plus ou moins ſelon
leurs forces : les Mouches metres tue-
ront les jeunes Rois, pour retenir leurs
toupes avec elles, & le ſecond Jetton
qu'elles compoſoient : on trouvera ces
Rois morts devant les ruches que l'on
aura hauſſé : on trouvera même le lendemain devant les ruches & deſſus les
ſieges des Mouches griſes & des Bourdons morts, comme des bouches inutiles ; quantité de ces Mouches blanches & informes, & l'on verra les Mouches aller aux champs avec plus d'ardeur qu'elles n'avoient accoûtumé, parce qu'elles ſe veulent conſerver ; & leur
dernier Eſſaim qui reſtera dans la ruche, ne manquera pas de ſortir dans le
mois de May de l'année ſuivante, ſi le
temps y eſt propre, ou dans le commencement de Juin.

Il faut auſſi hauſſer les petits Eſſains
de l'année précédente, & les ruches ou
ſouches qui auront eſbé avec peu de
Mouches, ſi-toſt que le beau temps ſera
venu & aprés la Pentecôte ; lorſque
vous les verrez remplie de miel, d'ouvrage & de Mouches, & non aupara-

vant, à cause des mauvais temps qui viennent quelquesfois au mois de May, & qui les incommoderoit, si elles étoient haussées

Il en faut user de même à l'égard des Essains de May & du commencement de Juin pour les empêcher de jetter, & sur tout quand on les voit regorger de Mouches, & se mettre dessous les sieges & autour des ruches, ce qui arrive souvent au mois de Juillet.

Il est donc avantageux de ne laisser jetter les ruches qu'une seule fois, & d'empêcher celles qui sont foibles de jetter tont à fait : il vaut mieux avoir moins de paniers & les avoir tous bons, ceux qui en useront ainsi connoistront par experience l'utilité qui en revient.

CHAPITRE XVIII.

La maniere de distinguer les bons paniers de Mouches d'avec les mauvais.

ON peut compter ce qui en est par la veuë, par l'ouïe, & par la pesanteur.

Par la veuë , les voyant sortir de
grand matin pendant la rosée ; quand
elles reviennent chargées & qu'elles
entrent sans hésiter , lors qu'elles reviennent plus tard des champs ; & que
dans le mauvais temps elles sortent peu
de leurs paniers.

On les voit encore emporter dans
leurs serres toutes les ordures, les petits
Bourdons & petites Mouches. La sentinelle est à la porte pendant tout
l'Esté : elles n'entendent pas le moindre bruit qu'elles n'y courent pour n'ê-
tre pas surprises.

Leur frequentation est plus dange-
reuse , & leur activité beaucoup plus
grande que celle des moindres paniers.

Les Mouches paresseuses se laissent
manger à l'ordure, aux vers & papillós.
Le panier qui ne jette qu'une fois l'an,
& où l'on voit les Bourdons morts &
les autres Mouches inutiles sur la terre, sont ordinairement bons.

On les connoist par l'ouïe, lors que
prêtant l'oreille sur la fin de Février &
au commencement de Mars dans les
jours qui sont doux, on entend un doux
murmure, qui semble venir de bien loin,
ce qui est un effet de l'approche du Prin-

temps : les Essains foibles sont tristes,
& ne font presque point de bruit. Le
murmure augmente à mesure que la
saison avance & diminuë avec l'éloi-
gnement du Soleil.

Si elles font beaucoup de bruit quand
on frappe contre la ruche, c'est un bon
signe, & il est à propos de frapper de
temps en temps, pour connoistre si les
Mouches profitent, ou si elles sont malades, afin d'y apporter le remede.

Il n'est pas necessaire de s'estendre
beaucoup sur la connoissance que l'on
peut tirer de la pesanteur, il en a déja
esté parlé en d'autres endroits : il faut
seulement observer que dans de certaines années les Mouches travaillent
presque toûjours à la cire, & n'amassent
que bien peu de miel ; pour juger de la
bonté des paniers, il faut prendre garde
à la couleur de la cire.

CHAPITRE XIX.

Des Essains & des grosses Mouches.

QUoy qu'il soit vray que les grosses
Mouches étrangeres causent la ruine de leurs voisines , elles ont néan-
moins cette proprieté,qu'elles amassent
quantité de miel, & qu'elles travaillent
avec plus de vigueur que les autres. Il
faut donc conserver les Essains qui en
viennent par raport au profit que l'on
en retire, & observer ce qui suit,quand
ils sortent de leurs souches.

Premierement , il faut leur donner
de grandes ruches, les éloigner des autres le plus loing que l'on peut , tirer
les souches avec le souffre, aprés qu'elles auront donné le premier Essain , ou
tout au plus attendre le mois de Septembre.

Secondement , on doit sçavoir que
ces grosses Mouches jettent rairement,
parce qu'elles vont de panier en panier
y faire leur Couvain , & qu'elles abandonnent le leur, hormis au temps de la

récolte qu'elles travaillent fortement.
Quand donc on verra des paniers fort
lourds jetter des derniers, c'est une marque que ce font de groffes Mouches,
qui font rarement du Couvain l'Hyver,
pour éclore au Printemps.

Troifiémement, ce font ces mêmes
Mouches & étrangeres qui avancent
quelquefois la fortie des autres Effains,
ce qui arrive ordinairement à ceux qui
ont perdu beaucoup de paniers pendant
l'Hyver : ceux qui reftent jettent dés
premiers, non par la bonté des Mouches, mais par la violence des groffes
& agreftes qui veulent eftre les maî-
treffes du panier; ce qui caufe beaucoup de defordre, faifant fouvent defer-
ter les Effains qui font plus difficiles à
s'attacher aux arbres que les autres, &
abandonner les paniers à ce qui y refte
de Mouches domeftiques.

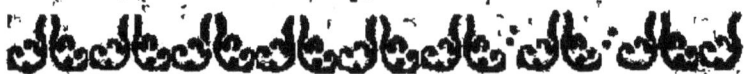

CHAPITRE XX.

Ce qu'on doit faire quand il y a plusieurs Roys en une même Ruche.

COmme chaque Couvain gros ou petit a son Roy, & qu'il y en a quelquefois plusieurs dans un même Essain, de-là vient la pluralité des Rois, ce qui rend ces Essains difficiles à faire entrer dans les ruches, & à les y tenir, d'autant qu'ils se separent en sortant, & s'attachent souvent à divers arbres: si les Mouches meres n'ont empêché le mal, en tuant & jettant hors des ruches ces Roys encore jeunes ; ce que font ordinairement les forts Jettons, on peut les ôter & les tuër pour empêcher le desordre.

Il faudra donc donner à ces Essains une ruche étroite du fonds, mais longue à proportion de vos Mouches, afin qu'elles s'y puissent cantonner ; il arrivera pour lors une sedition, & l'on trouvera le lendemain un Roy mort à la porte de la maison, où l'autre sera de-

meuté paisible. Que si on voyoit un
Jetton tuër son camarade, il faudroit
aussi-tost fumer la ruche & leur jetter
du miel & du vin pour les appaiser, &
tirer le Roy tué s'il estoit sur le siege
ou autour, pour donner la paix à sa
troupe.

Secondement, on peut trouver aisément un des Roys superflus en cette
maniere ; on fait entrer un Jetton dans
un panier : on tire l'autre sur le soir de
dessus son siege, en le mettant ailleurs :
ce fait on prend le panier où est entré
le Roy que l'on veut tuër, on frappe
d'un seul coup du panier sur le siege,
toutes les Mouches tombent, on renverse la ruche, & on laisse les Mouches
sur le siege jusqu'au lendemain matin,
pour lors on le trouve au plus gros de
la troupe : on le prend avec des pincettes, & on l'emporte ; que si les Mouches estoïent trop émeuës, on pourra
les arrouser doucement, comme quand
elles se mettent par pelotons autour de
leur ruche.

Troisiémement, quand on entend un
grand bruit dans quelque ruche, il faut
la lever au plûtost, & voir s'il ne paroist point un peloton de Mouches

gros comme le poing, pour lors en prenant des pincettes, & feparant ces Mouches, on trouve le Roy le fujet de la
fedition, on l'emporte & elle ceffe.

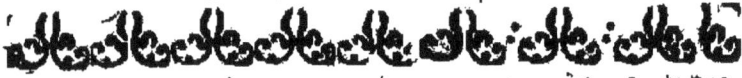

CHAPITRE XXI.

Le moyen de rendre bonnes les méchantes
Mouches.

IL arrive fouvent que les Mouches ne
valent rien, parce qu'elles font mêlées avec des étrangeres & agreftes qui
leur font la guerre : il faut faire mourir les méchantes, & les autres deviennent bonnes : il faut donc premierement prendre garde, quand elles jettent
leurs Effains, quand elles fe feparent
en deux ou plufieurs pelotons : il faut
remarquer celles qui font groffes &
noires, & ne pas les mêler avec les autres, mais les mettre à part, fi elles en
vallent la peine, afin de les tuër dans
la faifon.

Secondement, il faut tenir les ruches des méchantes Mouches ferrées
avec peu d'ouverture pendant toute

l'année, ce qui les obligera d'abandonner les autres, parce qu'elles ayment trop la liberté pour demeurer côtraintes

Troisiémement, quand on voit un panier qui regorge de Mouches & ne jette pas dans la saison, croyez que ce panier est infecté de ces Mouches agrêtes & sauvages : il faut donc s'en défaire au mois de Septembre, aprés luy avoir donné des hausses convenables pour leur donner moyen d'amasser plus de miel.

Quatriémement, comme elles se separent dans les ruches, il faut reconnoître le costé qu'elles ont pris, afin de les tailler & leur enlever leur provision, pour les obliger à chercher giste ailleurs.

Cinquiémement, il faut donner à ces méchantes Mouches des ruches étroites par le haut, afin que les Essains que vous y mettrez ne puissent faire bande à part & se cantonner ; les meres laisseront peu à peu ces paniers, & les autres Mouches jetteront dehors tout le Couvain de ces malignes, & par là deviendront bónes, estant certain que l'on ne doit rien esperer pendant qu'il y a du mélange.

CHAPITRE XXII.

De l'utilité de placer les Ruches proches des courans d'eau.

L'Eau n'est pas inutile aux Abeilles pour les abreuver, ce qui les retient & les empêche d'en aller chercher bien loing ; ainsi si vous pouvez, vous placerez vos ruches le plus proche que faire se pourra de l'eau courante: au défaut de laquelle, vous aurez soin de leur en mettre, soit de puits ou de citerne que tiendrez toûjours nette, la changeant de temps en temps, de peur qu'elle ne vienne en marécage & bourbeuse, & borderez les bords & côtez de ces eaux, de pierre & branchages, afin qu'elles se puissent reposer aisément allant boire.

SOMMAIRE

DU

TROISIEME LIVRE.

LIVRE TROISIE'ME.

CHAPITRE I.

De la necessité d'élever & de donner des hausses aux Ruches.

ON a parlé cy-dessus en divers endroits de ces hausses, il est temps d'expliquer ce que c'est, & pourquoy on les donne ; & l'on peut dire que s'aquitant de cette pratique exactement, c'est le moyen d'avoir toûjours de bonnes Mouches.

Il faut premierement remarquer que la Mouche à Miel est un animal laborieux, qui veut toûjours avoir de l'espace pour travailler: si son lieu est trop petit pour sa demeure & la provision, & qu'elle ne veuille pas lâcher les Essains, elle jette hors des Ruches toutes les petites nymphes bien formées ou non, souvent toutes blanches ; c'est pour emplir de provision les bouteilles qu'elles occupoient : on ne voit autre chose devant les paniers qu'on n'a pas hauffez depuis la Saint Jean jusqu'à ce que la miellée ait ceffé de tomber.

Secondement, il y a des lieux, où au lieu de hauffes, on fait un grand trou en terre de la circonference des Ruches où elles travaillent jusqu'à la S. Remy, qu'on leur coupe tout cet ouvrage, & on les laiffe l'Hyver fur leurs fieges, & ainfi on fauve la vie à une multitude de ces petites Mouches, qui rempliffent les paniers, & travaillent à la provifion.

Troifiémement, en hauffant les paniers, on remedie à la faineantife des Mouches meres, qui voyant leurs paniers pleins de bonne heure, negligent le travail, d'où vient que les paniers qui font forts pefants une année diminuënt de moitié l'année fuivante. Quelques-uns croyent que cela oblige les jeunes Mouches à s'enfuir une à une, fans vouloir jetter, ne voulant pas demeurer dans ces vieux paniers, où les vieilles fe laiffent manger aux autres: un panier n'eft pas bon deux années de fuite, à moins qu'on ne le taille dans le temps convenable.

Quoy que ce ne soit pas un usage general de donner des hausses, on peut dire neanmoins qu'il ne doit pas estre negligé ; il est fort commun dans le Poitou, & le Limousin, où l'on trouve des paniers de cinq pieds de haut, ce qui apporte un grand profit, & conserve les Mouches en leur bonté. Les Essains ne s'arrestent pas autour des Ruches ; la teigne & les vers n'y apporteront pas de dommage, parce que les Mouches seront toûjours fortes.

Il ne faut point donner de hausses, que les paniers ne soient remplis d'ouvrages à deux ou trois doigts prest, ou qu'ils ne soient trop pleins de Mouches.

On donne quelquefois une petite hausse aux Ruches legeres, qui ont pourtant beaucoup d'ouvrage ; auquel cas on tourne le devant derriere. S'il y avoit peu de Mouches ; il faudroit se côtenter de les tourner sans les hausser.

Les Ruches dont les Mouches qui jettent leurs petits Bourdons dehors aprés avoir donné le premier Essain, ou du moins devant la S. Jean, ne doivent point estre haussées ; c'est une marque qu'elles ne veulent plus jetter.

CHAPITRE II.

La maniere de faire les hausses.

LEs hausses se peuvent faire de planches cloüées ensemble, ou d'ozier
entrelassé, à la maniere des Ruches qui
répondent à leur grandeur, & qui ayent
de la force pour soûtenir le fardeau : on
peut aussi employer les échelles dont
on se sert à faire des sceaux & des cri-
bles, estant reduits à la largeur des paniers.

Il ne faut pas se servir de quatre briques ; les mouches veulent estre à couvert, & à l'abry des ardeurs du Soleil.
Quelques-uns massonnent autour des
Ruches, & emplissent les espaces qui
se trouvent vuides entre les briques,
mais tout cela ne vaut rien.

On met sur les hausses deux bâtons
en croix, sur lesquels la Ruche pose &
qui la rend stable, & l'empêche de perir.

Quand on veut hausser les Ruches,
il faut faire de la fumée avec du vieux

linge ou drapeau, ou bien il faut mettre du foin à force dans un pot sans
fonds & y mettre le feu ; la fumée les
fait retirer, & donne le loisir d'ajuster
les hausses sans danger d'estre piqué.

Il faut prendre son temps pour les
mettre, sçavoir aprés Soleil couché, ou
dés les quatre ou cinq heures du matin.

Il faut aussi laisser des issuës d'environ deux pouces de long, pour donner
la liberté aux mouches d'aller & de venir, & avoir soin de bien boucher le
vuide qui se rencontre entre la Ruche
& la hausse.

Quand il y a beaucoup de mouches
dans un panier, on peut luy donner
d'abord une hausse de huit pouces ou
davantage , ou si l'on en avoit donné
une moindre, on peut y en ajoûter une
seconde.

On peut tailler ces hausses dés la
S. Remy qui suit : il est cependant plus
à propos d'attendre à la my-Mars, en
ôtant ce qui surpasse le premier panier,
& même plus haut. On laisse ces hausses
quand les paniers sont trop petits, aprés
en avoir tiré l'ouvrage. Il faut prendre
garde de ne pas ôter le Couvain en tirant le miel, ce seroit tout gâter ; c'est

D

pourquoy il faut de l'intelligence & de l'experience.

CHAPITRE III.

De la connoissance du temps que les mou-
ches veulent Essaimer ou Ietter.

LOrsque les mouches veulent Essaimer, quelques jours avant la mere
mouche fait un petit ramage, ou un
chant agreable sur les quatre à cinq
heures du matin, & sur les huit à neuf
heures du soir : pendant ce chant toutes
les mouches de la Ruche sont dans le
silence, & lorsqu'elle a finy, toutes les
Abeilles ensemble font un grand bour-
donnement sur le siege, courant sur ice-
luy : c'est une marque que dans peu elles
Essaimeront.

Lorsque les grosses Mouches que l'on
apelle Bourdons sortent, c'est encore
une marque qu'elles Jetteront ou Essaimeront dans peu de jours. Ce qui fait
que quelqu'uns croyent que ce sont eux
qui font éclore le Couvain, ne sortât jamais que l'essain ne soit en état de sortir.

CHAPITRE IV.

De la difficulté de conserver les Souches,
ou Ruches sans les faire mourir, & la
maniere d'en venir à bout sans même
changer de panier.

IL n'est rien de plus difficile que de
donner des regles certaines pour
conserver les Souches sans les faire
mourir, quand elles ont esté quatre ou
cinq ans sans estre taillées en fond : les
mouches pour lors ne s'occupant qu'à
tuër les autres, & se faisant tuër elles-
mêmes, si on ne les fait pas mourir, les
vers & la teigne se mettent dans les panier, qui ruïnent tout en peu de temps;
& si on les change de panier elles meurent presque toutes, à moins que d'y
apporter un grand soin.

On peut cependant les conserver
cinq ou six années, si l'on se sert des
hausses, comme il a esté dit, si on les
taille à propos, & si on les empêche de
jetter plus d'une fois l'an.

Secondement, il faut empêcher qu'el-

D ij

les ne soient pillées par les Mouches
étrangeres, en les retenant dans les Ruches le plus que l'on pourra depuis la
S. Martin jusques à la my-Mars, qui est
le temps de les tailler.

Troisiémement, il faut les fumer
deux ou trois fois par an, pour chasser
leurs ennemis; ce qui rend les Mouches
plus vigoureuses. Il faut tenir les sieges nets de toute ordure, & les ballayer
souvent comme toutes les trois semaines; sur tout depuis la my-May jusques en Septembre.

Quatriémement, il faut nettoyer le
dehors de la Ruche & l'enduire tous les
ans une fois, pour en chasser les vers &
les papillons, ce qui est une maladie
contagieuse qui se communique de
Ruche en Ruche, & qui desole tout.

Il y a des Païs où l'on se sert de Ruches de liege, & dans lesquelles tous les
ans on coupe la moitié de l'ouvrage;
ce qui produit deux bons effets, parce
que les Mouches se renouvellent, & le
miel est toûjours excellent. Pour en venir à bout ils se servent de fumée pour
chasser les Mouches hors des Ruches:
elles se tiennent en l'air, pendant qu'on
coupe l'ouvrage, aprés avoir ouvert le

fonds de la Ruche, ou leve une des planches.

En d'autres Païs comme en Poitou & Limousin, où l'on conserve les Ruches huit & neuf années, ils chassent les Mouches avec la fumée, enlevent les hausses & le butin qui s'y trouve, & laisse la premiere Ruche seulement. En ces Païs à force de hausser les Ruches, ils les ont ordinairement jusques à cinq pieds de haut.

En Champagne, dans le Maine, la Normandie & la Picardie, on change les Mouches de paniers quand il y a beaucoup de miel; mais les saisons de les changer sont differentes selon les lieux.

Aux environs de Paris, on les doit tailler, comme il a esté dit, & lorsque l'on voit un panier où il y a beaucoup de miel dont les Mouches ont trois ou quatre ans, on les fait mourir avec de la fumée de souffre; car de les changer en ces lieux-là, c'est perdre sa peine.

CHAPITRE V.

Ce qu'il faut observer en changeant les Mouches des Ruches.

J'Ay dit qu'aux environs de Paris changer les Mouches de paniers, c'étoit perdre sa peine : cependant aprés avoir bien examiné toutes les autres manieres de conserver les Souches, il n'en paroist pas de plus utile que celle qui fait changer les paniers, pourveu qu'on le fasse avec les précautions necessaires.

Car ceux qui coupent la moitié de la cire & du miel, fatiguent tellement les Mouches en les chassant avec de la fumée, qu'elles perissent fort souvent, sur tout si la saison est avancée; & en ôtant la moitié de l'ouvrage, on détruit le dernier Couvain.

Ceux comme les Poitevins qui haussent si fort les Ruches en ôtant les hausses, reduisent les Mouches à demeurer dans un petit panier où elles s'entretuënt faute de place, chacun vou-

lant estre le maître de la maison, &
comme les vieilles Mouches demeurent
en ce combat, leurs paniers renouvel-
lez durent des huit & neuf années;
mais aussi les vieilles Mouches se jettét
sur les foibles Essains qui perissent
presque tout l'Hyver suivant, leur provision estant mince, & l'on n'y peut
apporter de remede.

Or pour parvenir à les changer utilement, on peut employer une des quatre maniere suivantes.

Premierement, on met les paniers
l'un sur l'autre, soit en mettant le plein
dessous comme en Normandie, l'aco-
tant avec des pierres, ou autrement, si
en mettant le plein dessus comme en
Champagne ; on ceint les deux paniers avec une nappe pour les joindre
& empêcher que les Mouches ne sortent, & avec deux petits bâtons on
frappe legerement sur celuy qui est
plein, commençant par la teste du panier, & continuant peu à peu jusques
à l'embouchure ; ce qui fait sortir les
Mouches du panier plein, pour entrer
dans le vuide, où estant elles font grád
bruit ; on les débande ensuite, & l'on
remet les Mouches à leur place. Cela ne

se fait pas sans danger d'être piqué, si l'on n'y prend bien garde, & si l'on ne s'y met le soir fort tard, ou de grand matin.

Secondement, on employe la fumée, on prend un pot de terre que l'on emplit de foin, on y met le feu lors qu'on veut les changer, & l'on renverse la veille Souche entre trois pierres, ou pieux ; on met promptement un panier vuide à la place de celuy que l'on a ôté où les Mouches se vont rendre ; si elles font résistance, on prend deux baguettes, dont on donne quelques coups à la Souche, le pot fumant estant proche d'elle, afin de n'estre pas piqué, ou bien ce qui est meilleur mettre la Souche entre les pieds d'une chaire sans la renverser, & le pot fumant auprés d'elle, frapper avec les baguettes, les Mouches se rendent à la Ruche préparée, ce qui se fait en plein jour.

Troisiénement, on fait une Ruche platte par le fonds que l'on perce de cinq ou six gros trous : on pose dessus la vieille Souche que l'on bouche tout autour, afin que les Mouches descendét en bas par les trous, lors que les Mouches ont travaillé dix ou douze jours,

ou un peu davantage en la Ruche d'embas : on ôte la Souche, rebouchant les
trous promptement : on la porte entre
les pieds d'une chaise, le pot fumant
auprés d'elle, & l'on chasse les Mouches
en la maniere précedente.

Quatriémement, on prend une Ruche vuide que l'on met la poignée en
terre sous la Ruche que vous voulez
changer:on ceint les deux Ruches avec
une nappe, ou bien on se sert de la fumée comme il a esté dit, puis on les renverse, la Ruche demeurant en bas bien
accôtée, pour ne pas renverser. On les
débande, & on les laisse travailler; le
temps venu de les separer, on prend un
fil pour couper l'ouvrage par le milieu,
remettant la Ruche de dessus en sa place : vous tirez l'ouvrage de celle de
dessous, aprés avoir chassé le reste des
Mouches avec les bâtons & la fumée,
comme il a esté dit. Ce qui est fâcheux
dans cette maniere, est que le miel qui
est dans la Ruche de dessous s'écoule
bien souvent, parce que les creusets
penchent en bas, ceux qui voudront se
servir de cette methode, doivent se mettre à couvert : éloignez du Soleil qui
fait fondre la cire & distiler le miel.

D v

De ces quatre manieres de chaſſer les Mouches, les deux dernieres ſont les meilleures, parce que les Mouches ne ſe haraſſent pas tant, qu'il y a moins de dommage que l'Eſſain qui peut eſtre dans les rayons ne perit pas; mais décend dans la Ruche d'embas auſſi-toſt qu'il le peut, ce qui aide à conſerver la ſouche.

CHAPITRE VI.

De la ſaiſon propre pour changer les Mouches & paniers.

IL faut changer les Mouches des Ruches dés la ſeconde année, & ne pas attendre trois ou quatre ans, parce qu'il y auroit trop de vieilles Mouches, & peu de jeunes, ce qui les expoſeroit à perir.

Il faut mettre à part vers le Printemps les Souches propres à eſtre changées dans le temps : elles ſe jettent ſur leurs voiſins particulierement ſur les foibles, & les font mourir.

Il ne faut pas changer les ruches où

il y a peu de mouches, ny celles qui
font trop vieilles, ny celles qui ont
jetté deux ou trois Essains, parce qu'il
faut qu'il reste quelque Essain de jeunes
mouches avec les vieilles, pour conserver la maison.

Il est dangereux de chasser les grosses
mouches: elles abandonnent volontiers
leur nouvelle ruche, & se jettent sur les
Essains dont elles emportent la provision, ce qui les fait mourir; il faut donc
les laisser remplir leurs ruches, & les
tuër dans la saison avec le souffre, aussi-
bien que celles qui estant trop vieilles,
ne sont plus bonnes à estre changées.

Quant à la saison propre pour changer les Mouches de panier, il faut observer le climat où l'on est, parce que
cela se doit faire plûtost ou plus tard
selon les lieux; & prendre garde sur
tout que le temps de la recolte du miel,
que l'on appelle miellée, ne soit point
passée. Il faut donc les changer ordinairement aprés qu'elles ont donné le
premier Essain.

C'est la coûtume aux environs de Paris de faire mourir les Mouches aprés
quatre ou cinq années, lors qu'elles
sont bonnes & bien garnies de miel &

cire, & qu'elles ont donné plusieurs Essains, parce que l'on n'a point jusques-icy trouvé de moyen pour conserver les Mouches aprés les avoit chassées. Mais on peut s'asseurer que si l'on observe exactement ce qui est marqué cy-dessus, qu'il n'y a point d'endroit où l'on n'en puisse venir à bout fort utilement.

Ceux qui ne veulent pas changer leurs Mouches, les doivent faire tailler tous les ans, le plus bas qu'ils pourront, sans toutefois offenser le Couvain ; où il n'y en a point il faut ôter la cire noire jusques au fonds, sans affamer les Mouches, leur laissant toûjours une provision necessaire pour subsister.

CHAPITRE VII.

De l'utilité des moyennes Ruches pour le raport.

Quelqu'uns sont du sentiment que les moyennes Ruches sont d'un raport plus considerable que les grandes, & disent que les Mouches ne jet-

tent point ordinairement, si la Ruche
n'est pleine, quelque grand que soit
l'Essain, & ne l'empliront qu'en deux
ans, & ainsi ils ne jetteront qu'à la
troisiéme année : au lieu que si vous
leur donnez de petites Ruches, & que
l'année soit bonne, l'Essain jettera deux
ou trois Essains la même année : ajoûtez à cela que le changement de ruches excite les mouches à miel au travail.

Ceux qui souhaitent avoir des ruches de bois, préferent celle de liege à
tous autres ; mais sa rareté en ce pays,
fait que l'on en a pas. Vous choisirez
pour en faire, le bois de chesne, de châ-
tagner, de noyer, de sapin & fousteau,
lesquelles ne sont sujets à vers comme
les autres. Vous n'épargnerez pas les
cloux ny les bandes de fer, pour les
jointures des aix, afin qu'il n'y ait aucune ouverture pour les garantir de l'in-
jure du temps.

SOMMAIRE
DU
QUATRIEME LIVRE.

LIVRE QVATRIEME.

CHAPITRE I.

De la nourriture des Mouches à Miel en general.

LES Mouches trouvent abondamment de quoy vivre au pays où l'on seme du bled sarazin : il dure ordinairement depuis le commencement du mois d'Août, jusques au mois d'Octobre : dans les lieux propres on peut en semer de bonne heure, & d'autres plus tard.

On peut encore cultiver quantité de bourache, buglose & hysope, leurs fleurs durent jusques à la Toussaints, & les Mouches s'y plaisent extraordinairement.

Les Mouches meurent souvent dans le Printemps jusques vers la my-May, & ce faute de nourriture ; ce qui oblige de leur en donner dans cette saison. On

reconnoiſt qu'elles en ont beſoin par
la legereté des Ruches, & parce qu'elles ne ſortent pas des paniers comme
les autres:on en voit de mortes autour
& ſur les ſieges ; en ce cas il faut lever
la Ruche, la pencher,& voir ſi les mouches ne ſont point mortes ; quand il
leur reſte un peu de vigueur, on les ar-
rouſe avec un peu de vin & de miel
pour leur faire revenir les forces.

En Poitou & en Limouſin on leur
donne de la farine de bled ſarrazin,
d'avoine ou d'orge;elles la rongent peu
à peu, mais il faut qu'elles ayent encore du miel, ſans quoy elles mourroient
de faim.

En Brie on ſe ſert de farine de groſſes
féves moulues, que l'on met ſur les ſieges.

Quelques - uns leur donnent du ſucre ou du miel dans quelque vaiſſeau
plat ; d'autres des figues confites, & des
raiſins de damas ; quelques-uns mêmes
leur donnent des roties que l'on couvre
de miel, aprés avoir trempé dans le
vin.

Il y en a qui font un trou au deſſus
du panier, & verſent dans un petit en-
tonnoir du miel délayé avec du vin,en

penchant un peu la ruche : plusieurs
se contentent de mettre les ruches qui
font foibles sur un tas d'avoine, ou dans
un tonneau, elles rongent l'avoine,
passant ainsi l'Hyver; la souris est à
craindre.

CHAPITRE II.

Methode particuliere pour nourrir les Mouches.

IL faut prendre une quantité suffisante de grosses féves pour la nourriture
des mouches, les faire tremper dans
l'eau, les piller ensuite dans un mortier, ou les faire cuire dans un pot: pour
les écraser & les reduire en boüillie,
vous mêlerez du miel à proportion, &
le tout estant bien incorporé, vous en
ferez de petites boules pour les placer
sur les sieges, ou les appliquer contre
les gâteaux, les mouches viennent les
manger, & passent heureusement le
reste de la fâcheuse saison.

Lorsque l'on taille les mouches au
mois de Fevrier & Mars, on peut don-

ner à celles qui font foibles quelques
gâteaux pleins de miel que l'on met au
deſſous des ruches ; mais le pillage eſt
à craindre, & il ne faut pas le faire
qu'on ne bouche en même temps les
ruches pour quelques jours, en empê-
chant les autres d'y entrer. Deux ou
trois jours écoulez, on fera un petit
trou pour le paſſage d'une Mouche ſeulement, on pourra dans la ſuite en faire
davantage.

Il eſt à propos de ne donner à manger aux Mouches à Miel pas plus de
quatre fois; ſçavoir depuis la my-Mars
de quinze en quinze jours, & toûjours
par un temps doux, ſans remuer les ruches, que le moins qu'il ſe pourra faire.
Il ne faut pas leur en donner quand il
fait bien froid, parce qu'elles ne quitent pas volontiers le haut de la ruche
où elles ſe tiennent ſerrées pour s'é-
chauffer ; il y auroit à craindre qu'en
deſcendât elles ne mouruſſent de froid.
Pour donc prévenir ces inconveniens,
on peut au commencement de l'Hyver
fumer les ruches deſquelles on ſe défie,
afin de reconnoiſtre leurs beſoins, pour
y pourvoir de bonne heure.

Il eſt à remarquer, que plus l'Hyver

est rude, & moins les Mouches dépensent de miel, elles demeurent la teste dans le fonds de leur creuset sans se remuer.

CHAPITRE III.

Des ennemis des Mouches à Miel.

IL y a des Mouches qui sont ennemies les unes des autres ; & quoy qu'on en ait déja parlé cy-devant, il sera bon d'en dire encore icy quelque chose.

Ces Mouches sont ennemies des autres, ou de leur naturel, comme les grosses, les grises; ou par accident, comme les vieilles, celles qui sont chassées de leurs paniers, & les faux Jettons : le dommage qu'elles causent consistent à tuer quelquesfois les autres, mais le plus ordinairement à leur enlever leur provision : c'est pour ce sujet qu'on les appelle l'arronnesses ; elles se cantonnent quelquesfois dans les Ruches, & s'y fortifient d'une maniere qui donne de l'admiration.

Les grosses Mouches se retirent or-
dinairemét dans des trous de murailles,
dans des arbres creux, ou dans la terre:
elles font des carreaux de cire, & viennent enlever le miel des domestiques,
pour en faire leur provision, ce qui
cause la ruine de celles-cy. Quelquesfois elles leur font abandonner leurs
ruches ; & s'en estant renduës les maî-
tresses, elles y mettent une espece de
sentinelle qui fait la garde, & qui empêche les autres de rentrer : on s'aperçoit de leur malice, quand on voit une
ruche donner beaucoup d'Essains, mais
tous fort foibles. On voit entrer dans
ces ruches peu de Mouches, si ce n'est
vers le soir, qu'elles emportent ailleurs
la provision de la maison : si l'on s'en
apperçoit, il ne faut laisser qu'une petite entrée à ces ruches, cela les obligera de se retirer ailleurs. Si elles per-
feverent à y vouloir demeurer, il les
faut faire mourir avec la fumée du
souffre.

Les Mouches grises & blanchastres
font produites par les Bourdons & mouches agrestes, qui veillent autour des
paniers, elles se jettent dans les ruches, où elles trouvent entrée, & les

remplissent d'une quantité prodigieuse
de Couvains, qui éclosent dans la saison, & qui n'ont d'autre inclination
que de déserter, & d'emmener les domestiques avec elles. C'est d'où vient
que les Essains s'enfuyent si volontiers
en sortant de leurs ruches, les domestiques leur font souvent la guerre, les
chassent de leurs paniers, quand elles
sont prestes à voler, & quelquesfois
mêmes toutes blanches.

Les vieilles Mouches sont celles que
le travail a affoiblies, & qui n'estant
plus propres à courir la campagne,
restent dans la ruche dont elles consomment la provision; les jeunes Mouches les chassent ou les tuënt : quand
elles sont hors des paniers, elles veillét
autour des autres, y entrent quelquesfois, & enlevent le butin, sur tout dans
l'Esté, que les bouteilles ne sont pas
scellées, & cela arrive souvent depuis
la my-Aoust, jusques à la S.Remy.

Les Mouches qui sont chassées des
paniers contribuënt aussi à la ruine des
autres. Elles en sont chassées, ou par la
tigne, les vers & les papillons, ou par
les Mouches larronnesses, ou par la
faim, lors qu'elles ne trouvent rien chés
elles.

Les faux Jettons sont ceux qui ne jettent pas dans la saison estant foibles, ils ne causent pas grand dommage, & se font bien-tost tuër.

CHAPITRE IV.

Observation sur le larcin des Mouches à Miel, & quel remede on y peut apporter.

PRemierement, si un panier est fort frequenté de Mouches sur le Midy, depuis la my-Aoust, jusques au mois de May, on peut croire que ce sont des larronnesses : il faut y remedier, ou tout le panier perira.

Secondement, les ruches qui sont le plus en veuë, sont les plus exposées à estre pillées.

Pour empêcher ces desordres, il faut faire trois choses : premierement écarter les ruches les unes des autres, si le lieu le permet. Secondement, il ne faut pas laisser du jour derriere les ruches, les larronnesses s'en servent pour passer: il faut donc qu'elles posent justement

& à plomb sur les sieges , & qu'il n'y
air d'ouverture que par le devant , qui
peut estre de quatre poulies au temps
de la miellée. Que si l'on apprehendoit
la trop grande chaleur , on pourroit
leur donner un peu d'air avec un cou-
teau.

Troisiémement, il faut avoir soin de
se deffaire des Mouches , des vieilles
Mouches & de faux Jettons, qui causent ordinairement le désordre, & de ne
pas mettre une ruche forte contre une
foible.

Puis que l'on vient de parler de la necessité de boucher les ruches par le bas,
il est bon de remarquer qu'il ne faut pas
les boucher entierement, même en l'Hyver , de peur que l'ouvrage ne se chan-
sisse & ne se gâte : dans ce temps , on
doit se servir de la petite grille , dont
les trous donnent de l'air , sans laisser
le passage aux Mouches ; & il faut
changer de grille aprés la my-Mars , &
mettre celle dont les trous soient plus
gros, pour donner la liberté aux Mouches d'aller à la provision.

CHAPITRE V.

Des Souris, mulots & autres ennemis des mouches à miel, & des moyens de les détruire.

LEs Souris font la guerre aux Mouches à Miel, depuis la fin du mois d'Août, jusques au mois de May, que les Mouches se retirent au haut de leurs ruches : dans les autres mois elles les font fuïr à coups d'éguillons.

Il est à propos que les sieges où posent les mouches soient élevez de terre, afin que les chats y puissent aller. On doit y avoir aussi des souricieres toûjours téduës, & y mettre de la noix pour appas : on doit aussi découvrir souvent les paniers & voir sous les chapiteaux, s'il n'y a point de retraite pour les Souris.

Les Mulots & les metilles ou miseraignes qui sont plus petites que les Souris, & que les Chats ne prennent pas volontiers, sont prises par les souricieres.

CHAP.

CHAPITRE VI.

De la Tigne & des Papillons.

LEs vers ou la tigne, sont produits par les Papillons qui font des œufs à la maniere des chenilles: Quand un panier est attaqué, il est difficile d'y apporter du remede, tout l'ouvrage devient inutile; & la panier si leger en peu de temps, qu'il n'est bon qu'à jetter au feu.

La tigne se trouve ordinairement dans les vieux paniers, & sans vouloir en rechercher la cause de plus loin; on peut dire qu'elle vient de l'ordure qui s'y amasse, de la corruption du bois, qui le compose, dont se forme de petits vers qui croissent avec le temps; & qui s'enveloppant dans la toille qu'ils fillent, se font des retraittes, que les Mouches ne peuvent forcer, & gagnent ainsi tout le panier, faisant abandonner aux domestiques leurs maisons; de ces vers naissent les Papillons. Il faut donc se deffaire des Ruches, aussitôt que l'on s'apperçoit qu'elles en sont infectées, parce que c'est une peste qui se communique aisément. On s'ap-

perçoit que la tigne est dans les Ruches,
ou par leur diminution, ou en touchant
le dessus qui est froid, à cause que les
Mouches qui l'échauffoient ont aba-
dônné le haud de leur maison ; ou enfin
en observant le dehors des Ruches,
où l'on trouve des chiasses & ex-
cremens de ces vermisseaux, qu'on
peut appeller vermoulure, signe infaillible que l'ennemi est au dedans.

Comme les vers se glissent dans les
fentes des sieges, il les faut rechercher
avec soin pour les tuer ; & les bien nettoyer avant que d'y remettre d'autres
paniers. Il est quelquesfois necessaire
de transporter les Ruches dans un autre lieu, sur tout s'il y a beaucoup de
vermine dans l'endroit où on les met
ordinairement.

CHAPITRE VII.

Des Guespes, Freslons, Fourmis, Arai-
gnées & Punaises.

LEs Guespes, comme plus fortes
que les Mouches à Miel, seule à
seule, elles peuvent les attraper entre
leurs serres les mangent ordinairement:

Elles s'attaquent aux Essains de l'année, comme plus jeunes & moins capables de se deffendre. Ce qui accoustume les Guespes au pillage, c'est que depuis la S. Jean jusqu'au mois de Septembre, les Mouches jettent hors de leurs Ruches, les Bourdons & petites Mouches deffectueuses, pour loger en leur place le miel qui tombe du Ciel. Les Guespes s'approchent pour enlever leur proye, & petit à petit entrent dans les Ruches, où elles désolent tout, si l'on n'y remedie promptement.

Il faut quand on s'apperçoit de ce désordre, boucher la Ruche avec la terre détrempée, & ne laisser que l'entrée principale, qui sera environ d'un pouce ; les Mouches mettront des sentinelles, qui empécheront d'entrer ces ennmis ; & de peur que la trop grande chaleur ne gâte l'ouvrage, on peut élever le panier, & lui donner une hausse fort mince. Comme les Guespes aiment beaucoup le fruit, on peut en mettre par morceaux à l'entrée des Ruches, ce qui les attirera & donnera lieu de s'en deffaire aisément en les écrasant.

Les Guespes vont en campagne plus d'une heure plûtôt que les Mouches, à

Miel qui sont retirées au fond de leurs
Ruches pour la fraîcheur de la nuit, ce
qui donne lieu à ces ennemis d'y entrer
sans résistance. On pourroit pour les
empêcher d'entrer, poser les soirs la
petite grille & l'ôter les matins, mais
c'est bien de la besogne. Il y en a qui
pendent un cœur de bœuf en quelque
endroit aux environs des paniers, où
les Guespes s'attachent, & où il est aisé de les tuer avec une semelle de cuir
ou de feutre.

Les fourmis causent aussi beaucoup
de desordre : elles aiment le miel ; &
comme elles se coulent aisement dans
les Ruches, les Mouches ont de la peine à les en chasser, & leur abandonnent souvent leur demeure.

Pour y remedier, il faut avoir soin
de détruire toutes les fourmilleres qui
pourroient se trouver dans les lieux proches des Mouches.

On doit labourer la terre & tenir la
place fort propre autour des paniers. Si
les fourmis sont dans une muraille d'où
on ne puisse les chasser, il faut mettre
une fiole de verre pleine d'eau & de miel,
ou d'eau & de sucre, les fourmis y vont
& se noyent.

On peut encore frotter avec de l'huyle le lieu par où les fourmis vont aux paniers, ou semer des cendres sur la place, elles abandonneront le terrain & s'enfuiront.

Outre les araignées, il y en a une grise noire qui court par terre, qui fait ses toilles dessous les planches ou sieges, & qui entre quelquefois dans les Ruches, ce qui en chasse les Mouches. Il faut tenir les lieux propres, fumer les paniers qui en sont attaquez, ne point laisser d'arbrisseaux proche les Ruches, afin qu'elles n'ayent point de retraite ; en un mot rendre souvent visite à ses Mouches, pour reconnoistre ce qui se passe.

Les punaises sont de petits animaux rouges, qui sont par bandes aux païs chauds ; & qui se jettant dans les Ruches, mangent la provision, & font déserter les Mouches : il faut en user comme pour les araignées ; & s'il y en avoit beaucoup, il faudroit mettre une vieille Ruche, dont on auroit tiré le butin, elles ne manqueront pas d'y aller, ainsi on peut les enlever aisémens, & les écraser.

CHAPITRE VIII.

De la diſſenterie, de l'humidité & de la
ſechereſſe.

CEtte Maladie vient aux Mouches
ordinairement au Printemps ; lors
que ſortant aprés une longue diette,
elles ſe jettent avec trop d'avidité ſur
les fleurs des arbres : on les voit pour
lors vuider leur ventres à l'entrée de la
Ruche, où elles meurent en quantité.

Les Mouches larronneſſe, ſe vuident
auſſi à l'entrée de la Ruche où elles
ſont entrées ; mais elles ne quittent la
partie que lors que la proviſion à man-
qué, & ne meurent pas pour cela,
mais elles font mourir de faim & de
froid les domeſtiques qu'elles chaſſent.
L'urine de l'homme eſt un grand preſer-
vatif contre cette maladie : les Mouches aiment ce gouſt paſſionnément :
on en jette ſur les planches à la porte des Ruches. On peut auſſi jetter
utilement du ſucre en poudre. Le miel
& le vin mélez enſemble ayant boüilli

fur le feu & reduits aux deux tiers,
compofent une medecine falutaire; lors
que le tout eft rafroidi, on en met
dans la feringue à canon courbé, re-
prefentée dans la premiere feüille,
& l'on en feringue dans la Ruche. On
pourroit encore fe fervir de lait nouveau
trait, mais beaucoup de perfonnes ne
l'approuvent pas.

L'humidité & la fechereffe, cau-
fent de fi grands défordres parmi les
Mouches : celle-là eft caufée par l'eau
de glace, de neiges, &c. Pendant
l'hyver, le miel fe gafte, la cire ce
noircit, les Mouches deviennent malades, & meurent.

On y peut remedier en découvrant les
paniers dans les belles journées d'hyver
pour les faire fécher : on fouffle dans
les Ruches du fucre en poudre, ou le
vin mélé avec le miel, comme on le
vient de dire : cela les fortifie, & le
printemps eftant venu, on coupe tout
l'ouvrage gafté par l'humidité, qui
autrement attireroit la vermine, &
perdroit tout.

La fechereffe caufée par les grandes
chaleurs eft auffi fort à craindre : les
Mouches fe deffeichent tellement

qu'elles ne sçauroient voler; il faut pour
lors faire de l'ombrage pour garantir
les paniers, & mettre proche d'iceux
de l'eau dont les Mouches se rafrai-
chissent, & qu'elles employe pour pé-
trir leur gâteaux.

CHAPITRE IX.

*Des herbes contraires à la nourriture
des Mouches à Miel, & de celles
qui leur sont profitables.*

VOus prendrez garde qu'il n'y ait
auprés de vos Ruches, ou dans
le lieu où elles seront de l'herbe appel-
lée amourette, ægolettos, qui donnent au miel une qualité puante, comme aussi les fleurs d'orme, de tinthy-
male, qui leur donnent le flux de ventre, de geneft, d'arboufier, du buis,
lesquelles les rendent malades, rend le
miel de mauvaise odeur; au lieu que fi
vous leurs plantez de celles de thym,
origan, tymbre, sariette, sorpolet,
rosmarin, sauges, flambes, giroflée,
violettes de Mars, soleil vivasse, lys

blanc, rofes, paffe-velours, bafilic, faffran, pavot, melilot, mille-feüilles, & des arbriffeaux, comme cyprés, ce- dres, palmier, pin, terrebinthe, lier- re, lentique, amandiers, pefchers, poirier, pomiers, cerifiers, & toutes autres herbes, comme raifort fauva- ge, la feüille de réponfe, de chicorée fauvage & autres, lefquelles leurs font tres-agreables, & feront qu'elles tra- vailleront avec plus d'ardeur, & le miel en fera meilleur, fi elles font en- core prés des prairies elles feront en- core d'un tres-grand rapport.

CHAPITRE X.

De la contagion des Mouches à miel.

C Eeft un mauvais prefage quand les Mouches à Miel vont à la cam- pagne pendant tout le mois de Mars: elles vuident leur ventre, & revenant fans avoir trouvé de nourriture, elles fe jettent fur le refte de la provifion, qui fe confomme avant la fin d'Avril; où le temps eftant ordinairement fa-

E v

cheux, fait mourir en quantité les
Mouches qui font foibles, dont les fieges demeurent tout couverts; & à cause que les Mouches ne vivant pour
lors que du suc des fleurs, qui se treu-
vent gâtées par les gelées blanches &
pluyes froides : elles en deviennent
malades, ce qui les oblige d'aller chercher du miel chez leurs voisines pour se
guerir, mais parce qu'elles sont trop foibles, les autres les tuent facilement, &
elles laissent en mourant la corruption
dâs le panier d'où s'engendre la contagiõ

On peut sauver les paniers attaquez
de la contagion, en leur jettant de l'u-
rine bien nette sur les sieges, & quelque peu de vin bouilli dans les gâteaux
pour leur donner des forces, & sur
tout l'on prendra garde que les autres
Mouches ne les tourmentent pas.

On peut encore pour obvier à cet
accident mettre à part les Jettons qui
sont foibles pour leur donner à manger, & de les tenir enfermées pendant
vingt-quatre heures, ensuite ouvrir
un petit trou pour le passage d'une
seule Mouche, & les laisser ainsi jufques vers la mi-May : cela les empêche-
ra d'aller chez leurs voisines & reme-
dira à la contagion.

SOMMAIRE
DU CINQUIEME
ET
DERNIER LIVRE.

E vj

LIVRE CINQUIE'ME
ET DERNIER.

CHAPITRE I.

*De l'heure la plus commode pour ven-
danger les Ruches.*

L'Heure la plus propre pour vendan-
ger les paniers ou Ruches, c'est
celle du midi, pourvû que le jour soit
beau & sans pluye. D'autant que les
mouches à Miel sont à cette heure à la
campagne pour leurs questes, n'en
restant en la Ruche que tres-peu, qui
ne seront pas capables de vous empêcher de tirer leur miel ; & s'il en restoit
nombre, & qu'elles se missent en colere & à piquer ceux qui les dépouillent,
en ce cas, il faut se precautionner d'un
grand capuchon de toile qui descend
jusqu'à la ceinture, ou vous aurez devant les yeux des vitres pour travailler
plus clairement & plus facilement,

ayant en vos mains de gros gands, ou
bien les froter de jus de melisse ou vinaigre, pour empêcher leurs piqueures : vous aurez aussi proche de vous
de la fumée en un pot pour chasser les
Mouches qui pourroient estre autour
des ruches.

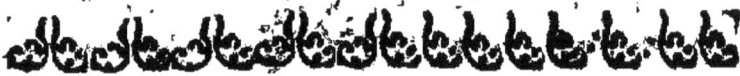

CHAPITRE II.

Du temps de la recolte de la cire &
du miel.

CEtte recolte se fait plûtost ou plus
tard, selon les lieux & climats. En
Provence on prend la fin de Septembre,
& l'on coupe la moitié de la cire & du
miel. En Champagne, c'est la fin de
Juin : aux environs de Paris, au commencement de Juillet : en Normandie,
au commencement du mois d'Aoust. En
Poitou & Limosin on ôte les haustes au
commencement d'Octobre, & l'on coupe tout ce qui surpasse le premier panier : vers Paris les Marchands qui
acheptent pour faire mourir les mouches, choisissent le mois de Septembre,

avant qu'elles ayent touché à leur provision : il faut suivre l'usage du pays
où l'on est.

Ceux qui tuënt les Mouches font
fondre du souffre dans quelque vaisseau
de terre, où ils font tremper un morceau d'étoffe : ils en prennent environ
la largeur de trois doigts en quarré
qu'ils mettent au bout d'un bâton fen-
du ; la ruche estant posée sur un trou en-
te re, ils allument l'étoffe souffrée qu'ils
mettent dans le trou sous la ruche
l'environnant de terre, pour empescher
que la fumée ne sorte, qui fait mourir
les Mouches dans un moment : & l'on
s'aperçoit qu'elles sont mortes, si l'on
frappe contre la ruche sans qu'elles
fassent de bruit.

Il ne faut pas les enfumer avec de la
paille, parce qu'elle donne au miel un
mauvais goust.

On peut faire la recolte du miel en
quatre manieres, en les changeant de
panier, en faisant mourir les Mouches
avec le souffre, en coupant la moitié
de l'ouvrage, & enfin en ôtant les
hausses que l'on a mises dans la saison.
On a suffisamment parlé cy-dessus de
toutes ces façons, il reste quelques avis
à donner.

Ceux qui veulent avoir beaucoup de miel, en changeant les Mouches de panier, doivent faire en sorte que les Mouches ne jettent pas auparavant, & observer ce qui a esté dit cy-devant.

Ceux qui font mourir les Mouches, doivent marquer les paniers dont ils se veulent défaire, & leur donner des hausses de seize à dix-huit poulces selon leurs forces à la my-May, avant qu'ils ayent jetté, & les laisser travailler jusques à la my-Septembre, & les tuer pour lors, & l'on y trouvera jusques à quatre-vingt ou cent livres de miel, & de la cire à proportion. Il est difficile d'avoir dans une même année, & d'un même panier des Essains, & beaucoup de miel ; car les Mouches consomment bien du temps inutilemét avant que de chasser leurs Essains, outre qu'il ne reste presque point de mouches dans les Souches qui s'épuisent à jetter.

Ceux qui veulent couper la moitié de l'ouvrage, doivent aussi hausser les ruches qu'ils veulent châtrer, & ce vers la my-May, & les laisser travailler jusques au mois d'Aoust, afin qu'elles puissent reparer leurs pertes sur les

fleurs de l'Automne, & parmy les bruye-
res ; ainsi ils trouveroient plus dans un
panier que dans quatre , & les Mouches passeroient l'Hyver sans incommodité.

Pour ceux qui haussent les ruches,
comme les Limosins, &c. il est à propos qu'ils le fassent dés le mois de Juin:
leurs Mouches jettent peu avant la
saint Jean; il leur en arrivera trois bons
effets, leurs ruches jetteront l'année
suivante dés le mois de May , parce
qu'elles seront remplies d'une grande
quantité de Mouches, qui sortiront dés
la premiere saison ; ils recueilleront
plus dans un panier que dans quatre, y
ayant plus d'ardeur au travail, plus il
y a d'ouvriers ; & la bonne provision
mettra les Mouches à couvert de toutes les disgraces de la fâcheuse saison
de l'Hyver.

Enfin il faut faire mourir les Mouches qui ont esté quatre ou cinq ans
dans les ruches, sans estre changées ny
taillées; celles qui sont en petit nombre aprés avoir jetté si les paniers sont
lourds & pleins : celles qui ont jetté
trois ou quatre fois malgré leurs maî-
tres, parce qu'asseurément il y a quel-

que chofe à redire : celles qui dimi-
nuent, au lieu de profiter ; & celles
qui font meflées de groffes Mouches
appellées larronneffes, parce que les paniers où font toutes ces fortes de mouches periffent infailliblement.

CHAPITRE III.

*Des efpeces de miel, & de la maniere
de le faire.*

LES rayons eftant tirez de la ruche,
& repofez dans des vazes de bois
ou de terre, feront incontinent portez
en un lieu chaud & fecret bien fermé,
afin d'empefcher les Abeilles d'y entrer ; fans quoy elles feroient leur pof-
fible, pour recouvrer le bien qu'elles
eftiment leur avoir efté ravy. Outre
l'impoffibilité d'habiter le lieu où elles
voleroient à la file, ou en voftre pre-
fence, elles confumeroient en peu de
temps tout voftre miel, quelque foin
que vous preniez à boucher les portes
& feneftres.

Avant que de preffurer le miel, on

doit éplucher soigneusement les gâteaux, en les tirant des ruches, en ôtant
toutes les ordures, les Mouches, le
Couvain, la vieille cire noire, les vers,
les papillons, autrement le miel se gâte, & diminuë beaucoup.

On fait ordinairement du miel de
trois sortes : le premier, est le miel de
vierge, qui se tire des jettons de l'année, ou des gâteaux nouvellement faits:
on coupe, ou l'on rompt ces gâteaux
que l'on met tout chaud sur un clayon,
& un vaisseau par dessous pour recevoir le miel ; ce miel est excellent, il
est blanc, & devient fort dur.

Le second miel se tire de toutes sortes de gâteaux bien épluchez, que l'on
met estant chaud dans des petits sacs, &
ces sacs dans les presses, pour en faire
sortir le miel.

Le troisième se fait en jettant dans
une chaudiere tous les gâteaux, mesme
ceux qui ont distillé sur la claye, où on
les fait tiedir avec un peu d'eau ; on en
remplit des petits sacs comme dessus,
pour les pressurer. Celuy-cy est le
moindre : il ne faut pas faire trop
chauffer le miel, il deviendroit noir &
de mauvais goust, & il faut avoir soin

de le remuer pendant qu'il est sur le feu.
Il y en a qui mettent beaucoup d'eau,
mais le miel est moins bon à proportion.

CHAPITRE IV.

De la maniere de faire la cire.

L E miel estant pressé & coulé la cire reste dans les sacs avec le marc;
pour separer l'un de l'autre, il faut mettre le tout dans un chaudron avec une
quantité d'eau suffisante que l'on fera
boüillir à petit feu, remuant avec une
spatule, puis mettre le tout dans des
sacs de bonne toile que l'on pressure
comme le miel ; la cire passe à travers,
& le marc demeure ; on peut en mettre
d'autre sur ce marc, la cire ne s'en tire
que mieux.

On ramasse la cire dans le vaisseau
où elle est tombée : on la refond dans
un chaudron avec de l'eau ; on l'écu-
me lorsqu'elle bout ; & puis on la jette
dans un autre vaisseau où elle refroidit
à loisir ; s'il se trouve de l'ordure dans

le fond, l'on la feparera avec le dos d'un coûteau.

Vous ferez couler voftre cire dans des bâffins de la grandeur dont vous voulez faire vos pains que l'on peut faire d'un poids confiderable, que l'on vend mieux que les petits pains, à qui d'ordinaire l'on donne le feu trop afpre, ce qui deffeche, & fait que la cire dure & éclaire moins, & ne blanchit pas fi facilement.

CHAPITRE V.

Methode pour blanchir la cire.

LA cire jaune & neufve fera fon-duë avec de l'eau claire dans un chaudron, où boüillant, elle fera foigneufement écumée & paffée à travers d'un linge clair, pour en ôter les ordures, aprés refonduë fur un feu lent dans un poële large par l'ouverture ; l'on aura une palette de bois que l'on trempera dans l'eau fraîche, & en mefme temps on la fourera dans la cire fon-duë, laquelle tirée du feu, fe gelant, &

l'attachant à la palette en pellicule, se separera aisément en replongeant la palette dans l'eau, où la cire demeurera pour se rafermir. Vous remettrez pour la seconde fois vostre cire sur le feu, & recommencerez ce que dessus que ferez pour la troisiéme & derniere fois. Ensuite vous retirerez vostre cire de l'eau fraische, & vous l'étendrez sur des clayes bien couvertes de toilles pour l'exposer à l'air, au soleil & à la rozée ; lesquelles penetrans ces minces pellicules de cire, ainsi s'achevera de blanchir en peu de jours. Il faut éviter soigneusement le dégast que les Mouches à Miel pourroient faire à la cire, & les en chasser, avoir aussi le soin que la cire ne se fonde par la trop grande ardeur du Soleil où vous l'aurez exposé ; ce que vous éviterez en l'arrosant sur le midy avec de l'eau fraische.

CHAPITRE VI.

Des Mouches que l'on met dans les murs.

CEux qui souhaiteront mettre des Mouches à Miel dans les murs, prendront garde de les exposer à la bize, mais au Soleil levant, afin qu'étant éclairées & échauffées dés le grand matin par le Soleil, elles soient fortifiées, pour bien travailler toute la journée, observant aussi que les murs ne soient trop humides, étant contraires aux Mouches à Miel, dans lesquels vous ferez faire des petits trous comme ceux d'un crible, mais en petit nombre pour leurs entrées & sorties ; & qu'il y ait derriere le mur, si faire se peut pour la commodité, quelques salles ou chambres, pour avoir la facilité de faire faite des armoires, ou contrevents contre le mur, fremant à clef & bien clos, afin par ce moyen de les netoyer ; l'on peut aussi pour la curiosité faire mettre à ces armoires ou contre-vents des vitres qui serviront à les voir travailler, & à vous faire connoître le temps de la vendange, & de les châtrer.

CHAPITRE VII.

De la piqueure des Mouches à Miel, le remede & le moyen de s'en garantir.

IL est comme impossible que ceux qui prennent les Essains, ou qui leur enlevent leur provision, ne se ressentent de la colere des Mouches, & ne soient piquez. On tâche de s'en garantir, en prenant un espece de capuchon ou camail dont le devant est fermé d'un tamis, ou d'une toille fort claire qui empêche les Mouches de se jetter sur le visage. On se sert de gands doubles ou trés - forts que l'on lie autour du bras, pour empêcher les Mouches d'y entrer.

Quelques-uns frottent les mains, & le visage de vinaigre, les Mouches en haïssent l'odeur ; mais il y en a qui ne s'en mettent pas en peine, & qui ne laissent pas de piquer.

Quand on est piqué, il faut promptement arracher l'aiguillon, presser la piqûre dont il sort une goutte d'eau, qui est le venin de la Mouche; la douleur cessera bien-tost, & n'enflera point, il y restera seulement une petite noirceur. On peut aussi frotter l'endroit douloureux avec du persil, du sellery ou de l'ache; quoy que cela ne soit pas fort necessaire.

En visitant les Mouches à Miel, quoy qu'elles voltigent autour de vous en grand nombre, il ne les faut irriter par paroles ny mouvemens; les laisser passer sans les chasser de la main, pour se garantir de leurs piqueures.

CHAPITRE VIII.

Du travail & occupation des Mouches à Miel.

LEs Ruches des Mouches à Miel representent un vray modelle de Monarchie bien policée, où chaque Abeille & toutes en general travaillent à de differentes occupations, comme à se

dresser

dreffer des loges, à les avictuailler pour
y vivre & perpetuer leur race par le re-
nouvellement de generation : elles
obeïffent toutes à un Roy : elles gardent la porte de leurs Ruches, pour
empefcher l'entrée aux beftes nuifibles:
elles ont des Abeilles commifes, pour
aller à la campagne prendre la matiere
de la cire qu'elles raportent à leurs jambes de derriere, dont elles bâtiffent
leurs maifonnettes ou cellules, d'autres
s'occupent à amollir & peftrir la cire,
en l'étendant avec leurs crochets, d'autres à la mettre en œuvre, & en compofent leurs bouteilles ou creufets où
elles mettent le miel dont elles forment
leurs couvains : d'autres s'occupent à
tenir nettement la Ruche, en fortant
toutes les immondices, non pas les
trop pefantes, mais celles qui font ma-
niables, comme le marc, & la lie de la
cire & du miel, n'ayant pas la peine
d'en fortir leur fiente, dautant qu'elles
font fi nettes, que c'eft feulement dehors & en volant qu'elles fe vuident le
ventre, felon l'opinion de plufieurs:
elles fortent des Ruches les Abeilles
mortes, en les trainant loin de leur ha-
bitation, de peur de l'infection, mais

F

avec honneur, comme un convoy de
sepulture; car une vingtaine d'Abeilles
accompagnent la morte, deux la traî-
nent, volant un pied sur terre jusqu'au
sepulchre, d'où elles retournent à leur
ruches toutes ensemble.

Les autres ramassent le miel qu'elles
prennent sur les fleurs & sur les feüilles
des arbres ; les feüilles de chênes &
tilleuls sont les plus propres à recevoir
la miellée qui tombe du Ciel ; & quelquefois en si grande abondance, que
les Païsans le recüillent dans les forests sur les feüilles de chênes, qui est
blanc comme la manne de Calabre,
fait en forme de larmes ; dans ces temps
de miellée les bleds en épy sont en grād
danger, & deviennent tous rouges.

Comme ce miel se conserve bien
mieux dans les forests qu'à la campagne, où le Soleil le desseiche & l'altere
dans l'instant, c'est pour cela que dans
le temps de la miellée les Mouches sont
plus diligentes, vont aux champs avec
plus d'ardeur de grand matin, & reviennent plus tard. Il y en a mêmes
dans les ruches qui invitent les autres
au travail par un espece de son qu'elles
font, qui ressemble à celuy des cornets

& trompettes , ce que l'on peut entendre aisément dans la saison des Essains,
si l'on preste l'oreille le soir proche des
ruches.

Les Mouches ont un pressentiment
du changement de temps, du beau &
du mauvais, des pluyes & du tonnerre,
d'où vient que la veille elles restent
plus tard aux champs , & qu'elles y retournent le lendemain de meilleure
heure, & se rendent en foule dans leurs
ruches , un peu avant la pluye ou la
tempeste.

Il se forme dans les ruches de vieilles
Mouches noires qui ne sortent jamais,
& qui ne sont propres qu'à conduire
l'ouvrage.

CHAPITRE IX.

Observation pour ceux qui ont quantité
de Ruches.

SI vous souhaitez avoir grand nombre de ruches , vous ferez faire des
bancs, soit de pierre, ou de maçonne-
rie de distance en distance, en sorte que

l'on puisse passer, & manier les ruches
aisément entre chaque bancs qui excé-
deront les uns des autres, en sorte que
cela soit disposé en forme d'amphitea-
tre, ou de grands degrez, & sans s'en-
tre-toucher; ainsi placées, elles rece-
vront chacune sa part de la faveur du
Soleil; & par cette disposition, cela
vous fera une très-belle representation,
& les Mouches en seront mieux ayant
la liberté pour sortir & rentrer plus
aisément, observant s'il se peut, de les
placer au levant ou midy, comme nous
avons déja dit.

CHAPITRE X.

Des Bourdons.

LEs Bourdons ne viennent pas du
faux couvain des Mouches à Miel,
il s'en trouve dans tous les Essains bons
ou mauvais; les vieilles ruches en
sont plus remplies que les autres, à cause que la cire n'est plus propre à pro-
duire des mouches parfaites.

Quelqu'uns croyent que ces Bour-

dons font Mouches femelles, qui donnent le fray ou Couvain qui fe fait
dans les Ruches, ou fur les feüilles des
arbres, dont il eft porté par les Mouches dans les boüteilles.

D'autres difent que le Bourdon tient
de la nature des poiffons, qu'il jette fon
eau ou chiaffe dans les bouteilles ; la
Mouche le fuit, qui le feconde par fon
germe, d'où viét que l'on voit les Bourdons des groffes Mouches aller avec
elles, & entrer les premiers dans les paniers où ils veulent jetter leur Couvain depuis la my-May jufqu'au hui-
tiéme Juillet ; & leur coup fait, ils re-
fortent des premiers. D'où vient auffi
que les paniers qui ne jettent point de
l'année, mettent de bonne heure hors
leurs ruches les Bourdons comme inutiles ; & qu'au contraire, les Effains de
l'année ne chaffent leurs Bourdons,
qu'aprés la my-Aouft ; leur Couvain
d'Hyver eftant fait, & n'eftant pas à
propos qu'ils y reftent davantage, parce qu'ils diminuëroient notablement la
provifion. Les Mouches, pour fe défaire
des Bourdons, leur rompent une aîle ou
la neuque du col : ou les tuënt tout à
fait, il en refte cependant toûjours

quelqu'uns qui se cachent dans un coin
de la ruche, ou se sauvent chez les
jeunes Essains, où on les souffre plus
volontiers.

Si les choses vont de la sorte, ceux-
là n'auront pas raison qui disent que
les Mouches à Miel sont vierges.

CHAPITRE XI.

*Pourquoy les Mouches ne profitent pas
toûjours en mesme lieu, & de ce qu'il
y en a si peu à la campagne.*

LEs Mouches abandonnent le lieu
où elles ne sont pas soignées & vi-
sitées ; le soin que l'on en prend fait
qu'en leur donnant le necessaire, on observe ce qui se passe ; & que quand il y
a de la guerre, on les separe, & on les
empesche de se tuer ; car les Mouches
se haïssent, & les plus fortes font déserter les plus foibles.

Les lieux qui sont mal propres & sales, engendrent toutes les ordures dont
on a parlé cy dessus, ce qui les fait
mourir, ou abandonner leur terrain.

Non seulement les lieux mal - pro-
propres & infects sont cause que les
Mouches ne profitent pas ; mais aussi
la puanteur , & la mauvaise odeur des
personnes qui les approchent les fait
souvent déserter; d'où vient que les pu-
nais , les rousseaux , les femmes qui
souffrent leurs ordinaires ne sont pas
propres à les garder & solliciter, la va-
peur qui exhale de ces corps fait mourir les jeunes Mouches qui sont ten-
dres.

L'ignorance de ceux qui les gouver-
nent, est encore une cause du peu de
profit que l'on en tire bien souvent ; il
faut donc se rendre capable de cet exercice, & ne rien négliger de ce que l'on
a enseigné cy-devant , & que l'on n'a
dit qu'après une longue experience , &
une étude de plusieurs années.

On vous a marqué le choix que l'on
doit faire des Mouches qui sont bonnes à garder, & celles que l'on doit faire mourir : le soin que l'on doit prendre pour recueillir les Essains sur tout
les premiers : la necessité qu'il y a de
proportionner les Ruches aux Essains.
On a fait voir qu'il n'est pas à propos
de laisser jetter les Mouches autant de

fois qu'elles le veulent ; en un mot on
croit n'avoir rien obmis de ce qui eſt
neceſſaire pour les faire profiter; & l'on
peut aſſurer que ſi on l'obſervoit avec
exactitude, les Mouches ſeroient d'un
grand profit, n'ayant point de Ruches
qui ne vous raportent huit à neuf livres de rente, ce qui devroit obliger
quantité de perſonnes à ſe meſler de cet
employ. Il eſt vray qu'il y a des années où l'on retire peu de profit ; mais
ce qui doit conſoler, c'eſt que les mouches ne dépenſent pas beaucoup.

Remarquez que les mouches ayment
ſur tout les eaux ſalées, comme l'urine,
l'eau détrempée dans de la fiente de
bœuf, & les égouts de fumier : ces eaux
les préſervent de pluſieurs maladies; on
les voit ſe jetter és lieux où l'on a de
coûtume d'uriner, & és lieux où il y a
du ſalpeſtre.

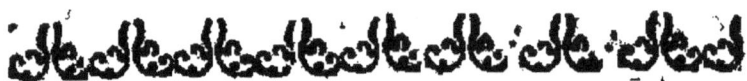

CHAPITRE XII.

ET DERNIER.

Du Gouverneur des Mouches à Miel.

LE Gouverneur obfervera foigneufement ces maximes & ces regles,
que toutes les femaines au moins &
plûtoft deux fois, il doit vifiter les Ruches l'une aprés l'autre , pour fecourir
celles qui auront befoin de fecours, foit
fur les neceffitez ordinaires, foit fur les
accidentelles.

A l'entrée du Printemps, il doit ouvrir fes Ruches en deffus, aprés en avoir
tiré la cire par deffous : pour les netoyer des ordures & vermiffeaux en-
gendrez pendant l'Hyver : ce qu'il fera auffi au commencement de l'Automne, les vifitant en bas & en haut, ce
qu'il continuera de quinze jours en
quinze jours en les recouvrant : au
commencement de l'Hyver, le temps
n'eftant pas tout à fait refroidy ; pour

F v

la derniere fois de l'année , recouvrira
ſes Ruches , aprés les avoir netoyées
& parfumées aura ſoin qu'elles ſoient
bien fermées , en ſorte que les pluyes,
vents & gelées n'y puiſſent entrer , ny
laiſſant qu'un trou pour l'entrée & ſor-
tie des Mouches.

F I N.

LA METHODE

D'élever, nourrir, & guerir
toutes sortes d'Oyseaux
de ramage,

Composée en Italien par CESAR
MANCINI ROMAIN,

*Et traduite tout nouvellement en Fran-
çois par A.S.D.L.P.M.D.C.E.S.*

AV LECTEVR.

LEcteur, si tu aymes les oyseaux,
voicy un Livre qui t'est absolu-
ment necessaire ; car il t'aprendra
à les connoître : pour discerner les mâles qui sont ceux que tu cherches si
curieusement pour le chant , & parmi
ceux-là il t'enseignera lesquels sont les
meilleurs, tu y verras comment il faut

F vj

les élever , ſoit que tu les prennes au
nid , ſoit que tu les prennes à la gluz,
où aux filez , où aux trebuchets : enſuite quelle nourriture leur eſt propre
à chacun , avec les autres obſervations
neceſſaires à cet effet : & enfin comme
ils ſont ſujets tous à differentes incommoditez , il n'en eſt point que tu ne
ſçaches prévenir avant qu'elles arrivent , & guerir ſi par malheur elles ont
prévenu tes ſoigneuſes précautions:
pour le reſte je te renvoye à la Table,
où tu verras ce que je puis avoir oublié
dans ce petit avis : ſi tu y trouves ton
conte , ſçache moy gré d'avoir pris la
peine de travailler à ta ſatisfaction,
Adieu.

DV ROSSIGNOL

CHAPITRE I.

IL n'est point de païs au monde que je pense où le Rossignol ne soit connû, il est vray que les païs chauds en fourniffent davantage que les autres : son chant est si beau, qu'on lui auroit fait tort de ne lui pas donner la preference par deffus tous les oyseaux de ramage, il fait son nid en Esté lors que le mois de May commence à nous donner des fleurs, & cherche pour se nicher des boccages les plus épais qu'il peut, afin que le Soleil venant à lancer ses premiers rayons sur la terre, ne le frappe que de biais, & qu'ainsi il ne l'incommode point. Depuis midi jusqu'à ce que le Soleil se couche, il se tient ordinairement en de lieux frais, comme prez de fontaines, des ruisseaux, dans des taillis touffus & sombres. Il s'en trouvent qui nichent à terre sous des buissons d'épines & d'autres broussailles, d'autres tant soit peu hors de terre dans l'épesseur d'un buisson. Quand au nombre des œufs qu'ils font, il n'est pas determiné; il est de leurs nids où il s'en trouve quatre, d'autres où il s'en trouve cinq; cela n'est pas certain. Aristote pourtant dit que les Rossignols qui nichent en grand Esté, font six ou sept œufs pour l'ordinaire: mais ce ne seroit pas de ceux-là que je choisirois: les printaniers estant à mon avis beaucoup meilleurs, & entre ceux-cy les plus tôt venus: car outre qu'ils promettent davantage, c'est qu'ils vivent plus long-temps, & se maintiennent mieux que les autres: parce que leur muë se trouvant finie avant que les fraicheurs du mois d'Aoust arrivent, heureusement pour eux ils sont déja remplumez, lors que les tardifs n'ayant pas dequoy se parer contre ces surprises du temps, meurent le plus souvent en ces occasions. Or quand on vous apportera des Rossignols dans leur nid, gardez-vous bien de les en ôter qu'ils n'ayent poussé toutes leurs plumes, & qu'ils n'en soient bien fournis par tout, de peur que faisant autrement, vous n'ayez trop de peine à les élever; avec cela il faut encore que vous ayez soin à les tenir en un lieu écarté du bruit, & du tracas de la maison. Pour leur nourriture, vous prendrez le cœur d'un mouton chez le Boucher, & l'ayant bien nettoyé vous le laisserez rafroidir, aprés quoy vous ôterez cette enveloppe grasse qu'il y a à l'entour, avec ces petits nerfs qui vont par dedans le cœur du mouton, & vous en hacherez bien menu comme des petits vers, & leur en donnerez d'heure en heure, ou plus souvent même s'il est besoin, & trois béchées à chaque fois. Voilà de qu'elle maniere vous les nourrirez, jusqu'à ce qu'il soit temps de les sortir du nid : quand ils seront grâds & forts vous les metterez dans une cage, où il y aura de petits bâtons, sur lesquels ils puissent apprendre à se percher d'eux-mêmes, mettant au fond de la cage de la paille, ou du foin tout au moins; afin que quand ils ne voudront pas sauter sur ces petits bâtons, ils se puissent mettre à leur aise sur la paille, laquelle à cet effet doit estre tenuë extremement propre. Lorsque vous verrez que vôtre Rossignol sera capable de s'essayer à prendre lui même sa

nourriture, vous hâcherez du cœur du
mouton bien delicatement en maniere
de pâte, & mettrez cela dans une petite
boite fort basse, ou dans de la carte
que vous attacherez en un coin de la
cage que vous jugerez plus commode à
vôtre oyseau : car cela dépend de vous,
& vous ferez ainsi jusqu'à ce qu'il commence à becqueter dans sa mangeoire,
sans oublier pourtant de lui tendre vous
mesme quelques morceaux pendant la
journée pour plus de seureté. Il y a puis
d'autres choses à quoy il faut que vous
preniez garde si vous ne voulez pas que
vôtre oyseau perisse. Et c'est premierement, qu'il ne manque jamais d'y avoir
de cette pâte dans sa cage ; en second
lieu qu'il y en ait toûjours de la fraîche,
ôtant soigneusement celle qui commencera tant soit peu à se corrompre, comme il arrive assez souvent en Esté : c'est
pour cela aussi que vous lui donnerez
encore d'autres choses à manger avec
le cœur de mouton, pour lui changer
un peu de viande, comme de la pâte
que je vous montreray à faire, & dont
je vous apprendray les qualitez à la fin
de mon livre : que si cette pâte vous
manque, alors vous prendrez ue œuf

bien frais, de peur qu'il ne vous périt
entre les mains, s'il mangeoit des œufs
vieils, & ayant fait durcir vôtre œuf
au feu, vous hâcherez le jaune pour
mettre dans sa mangeoire, c'est-à-dire
quand vous n'aurez pas de meilleures
choses à lui donner. En tout cas il est
toûjours bien de lui changer, & de ne
lui pas donner toûjours la même chose
pour ne le pas dégoûter : mais soyez
bien moderez en cette affaire là, de
peur que l'appetit ne le fasse trop manger, ce qui lui causeroit de grandes in-
commoditez. On peut encore lui mettre
de ces vermisseaux qui se rencontrent
dans les nids des pigeons, ou de ceux
que l'on trouve dans la farine, dont
je parleray plus au long cy-après : ne
leur en donnez pourtant pas souvent,
parce que cela sert plûtôt à vôtre Rossignol de purgatif, que de nourriture
solide. Aussi pourrez-vous lui ôter le
dégoût par ce moyen, lors que vous
remarquerez qu'il mangera moins qu'à
l'accoûtumée, en mêlant de ces sortes
de vers parmi le cœur de mouton,
après quoy vous verrez qu'il reprendra
tout à fait son premier appetit.

CHAPITRE II.

Pour nourrir les Rossignols pris
au mois d'Aoust.

AUssi-tôt que vous aurez pris un
Rossignol, comme il s'en prend
au mois d'Aoust, vous ne tarderez
point à lui lier les aîles, aprés quoy
vous le mettrez dans une bonne cage,
vous éviterez par cette précaution
qu'il ne se froisse en se tourmentant,
& vous ferez de plus qu'il s'en accoû-
tumera plûtôt à être enfermé & à manger. Or comme la grande liberté dont
il aura joüi possible durant long-temps
nuira beaucoup au dessein que vous aurez de l'apprivoiser, il faut pour lui
ôter tout sujet de s'en ressouvenir, que
la cage où vous le mettrez soit enveloppée & couverte de papier, sans qu'il
y ait de ces bâtons à soutenir les oyseaux : vous aurez en outre grand soin
de ne l'effaroucher pas en lui donnant
à manger, ce que vous ferez cinq ou
six fois le jour, le plus lestement que

vous sçaurez : vous lui mettrez aussi devant des petites mouches, des petits vers de temps en temps, afin qu'il prenne envie de les becter en les voyant remuer : & pour cela il faudra seulement les lui trier & mettre par petits morceaux, & à la troisiéme, vous essayerez de lui tendre des bechées de cœur de mouton bien battu, avec de ces vers, afin que l'un lui fasse manger l'autre, & qu'ainsi il se mette petit à petit à goûter le cœur du mouton. Que si aprés cela, vous remarquiez qu'il se tint encore aux vers seuls, vous l'en fourniriez en y mélant toutefois un peu de ce cœur haché bien menu, & vous en ferez de la pâte que vous lui baillerez à manger : de cette matiere vous l'accoûtumerez fort aisément à manger du cœur de mouton tout seul, & à se nourrir mesme sans que vous le paissiez. Vous ferez ainsi de la pâte, si vous voyez qu'il s'en accomode plus volontiers, & enfin comme vous verrez qu'il sera mieux ; ce que je laisse à vôtre conduite.

CHAPITRE III.

Pour élever des Rossignols pris en Mars.

CEs Rossignols que l'on prend dès
le premier, jusques au quinze ou
seize de Mars, sont bons à nourrir &
à élever. Quand vous aurez donc un
Rossignol de ce temps-là, vous le
mettrez dans une cage bien couverte &
enveloppée de papier, afin que cela
l'empêche de se jetter pour sortir, ce
qui lui froisseroit les aîles, & lui ôte-
roit toute envie de prendre nourriture,
aprés cela vous coulerez tout doucement devant lui un petit pot de verre
sans pied, dans lequel vous aurez mis
sept ou huit petits vers en vie : parce
qu'ils ne manqueront point de remuer,
ce que l'oyseau voyant au travers du
verre, il pourroit prendre envie d'y
porter le bec. Ce qui sera pour la premiere fois : car à la seconde il ne faut
que lui trier, & quand vous verrez
qu'il commencera d'en manger, vous y
mêlerez du hâchis de cœur de mouton

en façon de pâte, que si vous voyez
qu'il laisse la chair, & qu'il n'aille
qu'aux verre, ce n'est pas qu'il faille
lui ôter tout à fait : mais seulement
l'accomoder d'une maniere plus propre à l'en faire prendre, ce que vous
ferez en la hâchant en forme de petits
vers, dont vous mêlerez de petites béchées, afin qu'il apprenne à s'en nourrir, & à s'y accoûtumer tout doucement. Et enfin lors que vous verrez qu'il
n'aura plus de repugnance à manger de
ce mélange, vous lui ôterez les vers
tout à fait, & ne lui baillerez plus
désormais que du cœur de mouton.
Or je ne veux pas que vous perdiez l'es-
perance de voir un jour reüssir vôtre Rossignol, encore que vous lui
verrez passer quelques jours sans manger : le regret qu'il a à sa liberté fait
cela, les uns ne prennent rien de trois
jours, les autres de cinq, les autres de
six, & mesme il en est qui vont jusqu'à
huit & à dix. Et ainsi vous ne devez
pas vous étonner : mais au contraire
paître soigneusement vôtre oyseau :
parce qu'il s'en rencontre de ces obsti-
nez, qui aprés avoir bien baillé de la
peine, reüssissent à la fin si bien que le

plus souvent ils surpassent infiniment
les jeunes à chanter. Que si da-
vanture il ne vouloit prendre au commencement que de ces petits vers,
vous lui en donnerez quatre fois le jour
deux ou trois bechées chaque fois, à
cause de la digestion : puis quand il
sera bien accoûtumé au cœur de mouton mêlé parmi les vers, alors vous l'en
paîtrez deux fois le jour seulement,
c'est-à-dire, le matin & le soir, & par
cette methode soigneusement gardée,
vous maintiendrez toûjours bien vôtre
Rossignol.

CHAPITRE IV.
Pour connoître si le Rossignol mange de lui-même, & s'il reüssira.

SI vôtre Rossignol chante déja, il
est seur qu'il se paît aussi tout seul.
Or d'aucuns se taisent les huit jours,
d'autres les quinze, voir les mois en-
tiers. Mais s'ils vont plus loin, ou ce
sont des femeles, ou des mâles qui ne
vaudront jamais rien. Les plus seurs
chantent avant que sçavoir manger
tout seuls.

CHAPITRE V.

De quelle maniere il faut gouverner le Rossignol, qui mange déja de lui-même, & qui chante.

D'Abord que vôtre Rossignol sçaura se nourrir sans vous, & qu'il chantera, il faut aller rompant le papier qu'il y a autour de sa cage, en ôtant un peu tous les jours; afin que l'oyseau n'y prenne pas garde; & en même temps vous irez couvrant de feuillages les endroits découverts jusqu'à la fin: ainsi vous l'accoûtumerez à voir l'air tout doucement, ce qui lui rendra à la fin sa guayeté, & le fera chanter, au lieu que negligeant certe methode vous rebuteriez vôtre oyseau qui ne vaudroit peut être jamais rien de sa vie; au lieu qu'il chantera bien tôt en pratiquant ma methode, quoy qu'Elian dise au 13. liv. de son Histoire naturelle, aprés Arist. qu'à grand peine voit-on qu'un oyseau chante s'il n'a esté pris au nid. L'on reconnoît tous les jours que ce dire est faux, estant tres-constant, que les vieux Rossignols valent mieux pour chanter, & pour tout que les autres.

CHAPITRE VI.

Pour connoître si un Rossignol est mâle ou femelle.

QUand il s'agit de connoître le mâle d'avec la femelle parmi les Rossignols, chacun s'y prend à sa façon, aucuns vont aux plus gros, qui s'attache aux yeux choisissant les plus grands, qui à la queuë lors qu'ils l'ont roussé. Opinions à mon avis fort équivoques : car j'ay nourri souvent de petits Rossignols qui valloient pourtant infiniment : & j'ay vû aussi souvent des femelles avoir les conditions qu'ils attribuent aux mâles : mais pour joüer au feur, il faut choisir un Rossignol, qui d'abord au sortir du nid mange tout seul, faisant tous les jours quelques jolis gazoüillemens, où vous remarquiez qu'il soûtienne un peu de temps sa voix;

voix ; qui en outre se tienne coy dans
sa cage, & ne mette qu'un pied à terre
quand il se repose : car s'il a toutes ces
marques, ne doutez point qu'il ne
soit mâle. Pour les femeles elles ne
soûtiennent point leur voix : au contraire leurs passages sont fort courts,
elles vont outre cela toûjours sautillant
& se tourmentant par leur cage. Ce
n'est pas neanmoins que parmi toutes
ces autres observations, il ne s'en
puisse rencontrer de bonnes : je dis
seulement qu'il n'y faut pas faire de
fondement, & que celles que j'ay don-
nées sont les plus seures & même infaillibles en ceux qui sont pris au mois
d'Aoust : ceux du mois de May ayans
d'autres marques ausquelles on ne sçauroit se méprendre : car comme c'est
alors la saison de leurs amours, les
mâles font paroître leurs petites parties
genitales au dehors : ce que les femelles ne sçauroient faire.

CHAPITRE VII.

Du Roy des Oyseaux, que l'on nomme Roytelet.

LE Roytelet est un oyseau trés petit de corps, & delicat de complexion, il est fort gentil, & chante
presqu'aussi bien que le Rossignol.
L'Hyver, on en voit souvent sur des
toits, & sur des mazures, où il y a
plus de Soleil & moins de vent qu'ailleurs. Si vous voulez l'élever, il faut
que vous le teniez bien chaudement
dans son nid. Pour sa nourriture il n'y
en a pas d'autre que celle que je vous
ay montré pour le Rossignol, c'est-à-
dire, du cœur de mouton, ou de veau
haché bien menu, il faudra lui donner souvent, mais peu à la fois : afin
qu'il puisse tout digerer, le froid lui
nuit beaucoup, sur tout la nuit : c'est
pourquoy vous aurez soin de faire un
petit reduit, enveloppé d'étoffe rouge
dans sa cage, qui ait sa petite porte,
afin qu'il s'y retire la nuit, & qu'ainsi

il ne craigne point le froid de toute l'année. Et lors qu'il sera tout accoûtumé à manger, vous remplirez sa mangeoire de cœur de mouton haché bien delicatement, & d'autres fois de cette pâte que l'on fait aux Rssignols : que si aprés cela, vous lui voulez faire un régal, donnez-lui des mouches, il se divertira aprés, & s'aprivoisera tout doucement par ce moyen : c'est à quoy vous devez travailler avec beaucoup de soin & d'adresse.

CHAPITRE VIII.

Du Chardonneret.

LE Chardonneret peut sans doute estre conté parmi les plus beaux oyseaux, & pour moy je ne balance point à lui donner le premier rang en beauté & en gentillesse. Il y a beaucoup de plaisir à le regarder, & beaucoup à l'entendre chanter : mais comme c'est un oyseau frequent par tout, on en fait moins de cas qu'on ne devroit. Il niche trois fais l'année, c'est-

à dire , en Mars , en Juin , & en
Aouſt : ceux du mois d'Aouſt reviennent mieux à certaines perſonnes que
les autres ; & parmi ceux-cy , ils cherchent ceux de trois plumes : d'autres
en veulent de ceux qui ſont nés parmi les épines , dont la couleur a quelque rapport à une orange , & je ſuis
de leur ſentiment , eſtant certain que
tant plus un Chardonnéret a de noir ,
tant meilleur il doit eſtre. Quoy qu'à
dire vray , il n'y en ait pas de meilleurs les uns que les autres. Tout ce
qu'il y a , c'eſt que les Chardonnerets
d'épine ſont les plus robuſtes , & les
plus éveillez , & même les plus pronts
à chanter. Si vous voulez les connoître , cherchez ceux qui ont les
plumes plus brunes que les autres.
Les mâles ſont noirs ſous le bec , &
ſur le haut des aîles , ils ont auſſi la
tête noire , longue & plate : pour les
femelles elles ont les aîles griſes , elles
ſont blanches ſous le bec , ont la tête
ronde.

CHAPITRE IX.

Comment on doit nourrir le Chardonneret.

LEs Chardonnerets de nid, se doivent nourrir de la sorte. Il faut
mettre ramollir des amandes douces
dans l'eau : puis macher du gâteau
bien menu, & vous ferez de la pâte
de ces deux choses, dont vous baillerez des bechées à l'oyseau en cas de besoin, aprés vous pourrez piler ces
deux choses en un mortier, & les
ayant bien détrempées dans de l'eau,
vous leur en presenterez au bout d'une
plume de poule, ayant soin de changer tous les jours de pâte : afin qu'elle
n'aigrisse pas, & comme en mangeant
il lui pourroit estre demeuré de la pâte
autour du bec, qui venant à pourrir,
lui feroit naître des apostemes ; pour
éviter que cela n'arrive, vous prendrez un peu de soye que vous lierez au
bout d'un petit bâton, & l'ayant trem-
pée dans l'eau, vous en nettoyerez

doucement le bec de vôtre oyseau, enforte qu'il n'y reste plus de cette pâte,
& quand l'oyseau mangera bien de
lui-même, vous lui donnerez du chenevis que vous aurez un peu pilé auparavant : mais je vous avertis, que si
vous ne lui en changez tous les jours,
il deviendra rance, & cela le pourroit tuer. La même chose se doit observer pour le Loriol, pour la Linote,
le Serin, le Tarin, & le Pinçon, &
quand ils muëront, il faut un peu les
baigner avec du bon vin, & les mettre ensuite sécher au Soleil deux fois la
semaine.

CHAPITRE X.

Pour nourrir le Pinçon.

LE Pinçon est beau, & chante
agreablement, il a son ramage
particulier comme tous les autres
oyseaux, je voudrois en pouvoir
bien distinguer les differences : mais
cela n'est pas de ma capacité. Re-
venons donc au Pinçon, je vous

diray qu'on l'eleve de même que le Chardonneret : cét oyseau a un grand défaut, en ce qu'il est fort sujet à perdre la vûë ; à quoy vous pourrez apporter du remede, si vous avez soin de mettre dans son abrevoir du jus de bleuës avec un peu d'eau pure, lorsque vous connoîtrez que les yeux commencerôt à lui faillir : ce qui sera pour le premier jour, & en même temps vous mettrez des bâtons de figuier au lieu de ceux sur lesquels il se juchoit : parce que se frottant les yeux contre le figuier, il en pourra tirer un grand soulagement : les jours suivans, il faut lui bailler à manger de la semence de melon jusqu'au quatriéme, afin de le rafraichir, si aprés cela vous ne voyez pas qu'il amende, jettez-le ; car il ne vaudra plus rien.

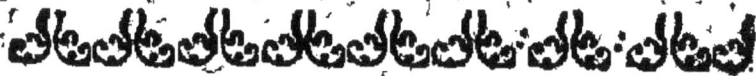

CHAPITRE XI.

Pour gouverner toutes sortes d'Oyseaux.

A la muë du Chardonneret, vous le baignerez de vin, afin de

presser sa müe ; c'est encore un fort
bon remede pour le guerir des poux,
aprés qu'il aura esté arrosé de vin,
vous le mettrez au Soleil, où vous le
laisserez jusqu'à ce qu'il soit bien sec.
Or si vous me demandez en quel temps
cet oyseau fait sa müe, je vous diray
qu'il l'a fait en divers temps selon sa
complexion : il y en a de temperament
plus chaud qui müent en Juin, d'autres ne vont à la müe qu'en Juillet,
& enfin il y en a qui attendent jusqu'au mois d'Aoust : or cela s'entend
pour ceux que l'on a pris à la glus ou
autrement : car ceux du nid müent re-
gulierement un mois aprés qu'ils sont
nez, & il en est de même de tous les
oyseaux generalement. Pour ce qui est
en aprés des differentes incommoditez
à quoy chacun est sujet, il faut sçavoir que la maladie la plus ordinaire
du Rossignol est qu'il devient par fois
trop gras, & qu'il s'enfle notablement,
à quoy il est necessaire de mettre du
remede, même par avance en les pur-
geant tout au moins deux fois la semaine : ce que vous ferez avec de ces
vermisseaux qu'on trouve dans les pi-
geonniers, dont vous lui donnerez

deux ou trois fois par jour pendant la
purgation qui en doit durer quinze.
Il faut aussi quand vous le verrez triste,
couper cette apostheme qui vient aux
oyseaux sur la queuë, & mettre au
gros d'une noix de sucre candi ; ou
d'autre sin dans son abruvoir. Et quand
il sera malade, ajoûtez à cela cinq ou
six poils de saffran : cependant faites
que sa pâte ne lüi manque pas, & lui
donnez de fois à autre du cœur de
mouton comme j'ay dit : que si de hazard il empiroit aprés cela, vous ferez
durcir un œuf sur la braise, & lüi
donnerez un peu du jaune, & du blanc
aussi un peu : outre les autres maux qui
arrivent au Rossignol, il y a encore la
goute, qui lui vient au bout de trois
ans, lors qu'il a toûjours demeuré en
cage, le remede à cela est de lui graisser les jambes avec du beurre, ou de
la graisse de poule, ce qui fera un effet
merveilleux. Il est de plus sujet à avoir
des aposthemes autour des yeux & du
bec : mais vous n'avez besoin que du
même remede pour l'en guerir. Il se
trouve aussi des Rossignols qui deviennent maigres : si cela arrive au vôtre,
donnez-lui des figues fraiches s'il en

G v

eſt ſaiſon, autrement les ſeches ſont bonnes bien machées, aprés cela, il faut le remettre à la pâte ordinaire, & voylà la veritable methode pour le maintenir toûjours bien. Au reſte que l'on ſoit toûjours ſi exact que l'on ne laiſſe jamais manger du rance, ni du gras à ſon Roſſignol, autrement il ſera oppreſſé de la poitrine, ce que vous connoitrez quand le cœur lui bettera demeſurément, & qu'il ouvrira & fermera le bec frequémment : ce n'eſt pourtant pas qu'ils ayent cette maladie toutes les fois qu'ils ouvrent & ferment ainſi le bec, cela leur peut arriver d'ailleurs, comme s'il leur eſt demeuré dans la gorge quelque petit nerf, ou quelque fil de ce cœur de mouton, que vous n'aurez poſſible pas accómodé : or en cas que ce ſoit là ce qui lui fait peine, il faut le prendre, puis lui ouvrir adroitement le bec, & ſi vous découvrez quelque choſe de ſemblable à ce que nous venons de dire, dans ſa gorge, ôtez-le bien doucement avec une pointe d'épine : aprés quoy vous lui donnerez du ſucre candy, & il guerira d'abord : mais il y faut prendre garde avec ſoin : car tous les oyſeaux que

l'on nourrit de cœur de mouton, font
sujets à ces accidens.

CHAPITRE XII.

Du Passereau, des Canaries, de ses in-
commoditez, & comment il faut con-
noître les veritables a'avec les autres.

CE t oyseau vient effectivement des
Isles Fortunées ou Canaries, fort
éloignées de nous : ce qui fait qu'on le
prise si fort ; outre qu'il chante mer-
veilleusement bien. Or pour n'estre
pas trompé à ces sortes d'oyseaux, parmi lesquels les gens qui en apportent,
font souvent passer pour veritables Canarys de ceux qui viennent de l'Isle-
Palme, ou de l'isle-Verte ; choisissez
les plus petits, & de plus longue
queuë : vous verrez qu'ils chantent
beaucoup plus agreablement que ces
autres qui sont plus gros, & dont la
queuë est plus troussées : ces derniers
chantent veritablement ; mais pas si
bien, & ne soûtiennent guere leur
voix ; il leur prend même dés qu'ils ont

un peu demeuré en cage de certains vertiges, qui leur font tordre la teste, d'où vient qu'on les appelle fous. Le naturel du Passereau des Canaries est de n'estre jamais gros ni gras, il est sujet à avoir de certains aposthemes jaunes sur la teste, qu'il faut graisser deux ou trois fois pour les guerir. Ce dont on les graissera doit estre du beurre, ou de la graisse de poule : aprés donc les en avoir graissées, vous passerez trois jours sans y toucher, & au bout de ces trois jours vous les graisserez de nouveau, & puis vous les couperez bien delicatement. Mais ce n'est pas le tout, il faut encore que vous scachiez cecy ; c'est qu'aprés le premier coup de cizeau, il faut tirer de ces aposthemes une petite chose dure, qui a la couleur d'un jaune d'œuf, & oindre aussi-tôt le mal avec la graisse que j'ay dit : ce que vous ferez toutes les fois que ce mal reviendra. Le passereau des Canaries devient aussi quelque fois melancolique, & pour lors il lui faut couper la vescie qui vient sur la queuë, & en bien faire sortir le pus ; aprés quoy il lui faut mettre devant des blettes, des laituës, du laceron : & enfin de quelqu'autre

herbe que vous voudrez. Que si aprés
cela il ne se trouve point mieux, donnez luy de la semence de melon qui le
rafraîchira, & mettez un petit morceau
de sucre candy dans son abrûvoir pendant huit jours, il est mesme bien de
pratiquer cela deux fois le mois quand
il n'auroit point de mal. S'il vient à
muër mettez de la semence de melon
dans sa mangeoire, & baignez-le deux
ou trois fois la semaine avec un peu de
vin comme j'ay déja dit en parlant des
autres, le mettant ensuite au Soleil pour
le secher, ainsi il aura bien-tôt achevé
sa muë, s'il luy venoit des poux il faut
faire la mesme chose.

CHAPITRE XIII.

De la Linote, & de ses maladies:

LA Linote chante bien, sur tout
quand elle a esté prise au nid ; c'est
un oiseau qui devient quelques fois
mélancolique, & dont le sejour ordinaire est dans les montagnes parmy les
boüys, les genéviés, & les autres me-

nuës brouſſailles ; il compoſe ſon nid
de racines extrêmement minces , & de
certaine autre choſe qui reſſemble à la
plume, & trois fois l'année il niche. Sa
maladie la plus ordinaire eſt une eſpece
de friſie, ce que vous connoîtrez quand
il deviendra peſant, & que le ventre luy
groſſira ; alors vous verrez qu'il paroî-
tra quantité de veines rouges , & qu'il
maigrira par la poitrine : s'il va à la
mangeoire il ne fera que becquèter &
jetter çà là ſon chenevis : parce qu'il
n'en ſçauroit plus manger tant il s'en
eſt ſoulé , dont luy vient ſon mal , parce que le chenevis échauffe. Il ne luy
en faut donc guiere , donnez-luy plûtôt du panis, qui luy fera plus de bien: ſi
vous n'aviez pourtant que du chenevis, ne laiſſez pas de luy en bailler no-
nobſtant ſon incommodité : pourveu
que vous coupiez l'apoſteme qu'il a ſur
la queuë, que vous mêliez du ſucre candy à ce qu'il boira, & que vous luy don-
niez enſuite des blettes , du laiteron, &
par fois de la mercuriale. J'ay dit que
le panis ſervoit à rafraîchir, la ſemen-
ce de melon en fait de meſme, vous luy
en pouvez bailler pendant trois jours:
mais ſa plus ordinaire nourriture doit

eſtre d'herbes : aprés quoy il y a encore d'autres choſes à faire , qui ſont de
mettre du mortier ſec, ou tout au moins
de la terre dans ſa cage : parce qu'ils
en mangent , & ſe gueriſſent par ce
moyen là. Cet oyſeau eſt encore ſujet
à l'oppreſſion de poitrine , que vous
guerirez en luy baillant à manger de la
grêne de melon , & en mettant détrem-
per dans ſon abreuvoir du ſucre candy,
ou d'autre : pourveu qu'il ſoit fin, & du
reglice, afin que l'eau en prenne le goût
& les qualitez : ce que vous ferez durant cinq jours de deux jours l'un : mais
qu'il vous ſouvienne de luy donner
une feüille de blette , ou d'autre herbe
le jour que vous ne mettrez rien dans
ſon eau. Ce remede luy racommodera
la voix , lors qu'il l'aura enroüée , &
enfin luy fera beaucoup de biens à la
fois : quoy que dans la verité peu d'oyſeaux échapent à la ftiſie. Il eſt encore
bon d'en faire autant aux autres oyſeaux , comme ceux dont je vais vous
parler, en cas qu'ils tombaſſent dans les
meſmes maladies.

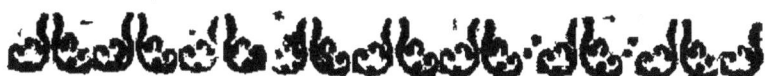

CHAPITRE XIV.

Des differentes infirmitez qui arrivent à ces petits Oyseaux qu'on nourrit en cage, & de leurs remedes.

LEs Oyseaux outre leurs autres in-commoditez, perdent aisément la veuë si l'on y met remede à temps, & particulierement le Pinçon : or si vous le voulez guerir, pourveu toutesfois qu'il ne soit pas tout à fait aveugle, vous n'avez qu'à mêler du jus de blette à l'eau dont il boira, & à y mettre un peu de sucre pendant deux ou trois jours alternativement, c'est à dire un jour oüy, & l'autre non de la mesme maniere que je viens de vous aprendre pour la Linote : outre cela vous met-trez un petit bâton de figuier à la place de celuy qui luy servoit pour se soute-nir dans la cage, afin qu'il se puisse soulager en s'y frottant les yeux, & vous pratiquerez toutes ces choses lors que vôtre oyseau aura les yeux mouillez, les plumes herissées, & tout le corps

enflé. Quand il leur viendra des apo-
ftemes, ufez pour les guerir des mefmes
chofes que je vous ay enfeignées dans
le Chapitre du Paffereau des Canaries.
Aprés tout cela comme il arrive fouvent que les oyfeaux fe rompent quelque jambe, ou quelque cuiffe, je vous
aprendray à les guerir. La premiere
chofe c'eft de mettre fa mangeoire &
fon abrûvoir au fonds de la cage, & de
ne luy laiffer aucun bâton à fe percher,
la feconde de le porter doucement dans
fa cage en un lieu retiré de peur que
quelque bruit ne le fit tourmenter : la
troifiéme eft de le laiffer ainfi guerir de
luy-mefme fans lier ny jambe, ny cuiffe:
car la nature fera plus toute feule que
vous avec vos ligaments.

CHAPITRE XV.

La maniere de fe fervir des Oyfeaux pour
en prendre d'autres, & ce qu'il faut
faire afin qu'ils chantent.

BIen que hors du Pinçon tous les
Oyfeaux de ramage chantent en

Hiver, comme les Chardonerets, les
Linottes, les Serins, & les Tarins. Il en
est pourtant qui à cause de la muë, se
taisent aussi-tôt qu'on les porte à la
campagne : à quoy le veritable remede
est de purger dés le commencement de
May ceux dont vous voudrez vous servir pour chanterelles , & voicy comment vous ferez vôtre purgation. Le
premier jour vous leur donnerez du jus
de blettes déthélé avec un peu d'eau
pure ; le second jour vous leur mettrez
devant une feüille de la même herbe, &
le troisiéme vous mettrez la cage à terre dans une chambre, où vous laisserez
peu de jour , aprés avoir mis de la terre
ou du mortier sec au fonds de leur cage, afin qu'ils en mangent, & c'est ainsi
que vous les laisserez pédant dix jours,
durant lesquels pourtant vous leur irez
donnant tous les jours un peu plus de
lumiere : ces dix jours estant écoulez
vous les remettrez aux blettes , les fer-
mant dans un coffre en un lieu obscur
& éloigné du bruit, & la nuit vous irez
les accommoder avec une lanterne que
vous leur laisserez voir par l'espace de
deux heures , pendant lesquelles vous
pourrez netoyer leur abrûvoir, & chan-

er leur chenevis, ce que vous devez
ire tous les jours une fois, leur baillant de quatre en quatre jours des blettes, & du suc de blettes aprés 20. jours
aux Pinçons sur tout, parce qu'ils sont
sujets à devenir aveugles. De plus il
faut leur changer de cage quand ils auront demeuré vingt jours dans une, afin
que les poux ne les incommodent pas,
outre que si vous leur laissez plus long-
temps la mesme cage, la puanteur & la
vilenie qui s'y engendre pourroit les
tuer. Or ce sont choses que vous devez
faire jusqu'au dixiéme d'Août, lequel
estant passé vous purgerez encor vos
Oyseaux tout de nouveau, de la maniere que je vous ay apris, leur faisant re-
voir l'air petit à petit, jusques au vin-
tiéme du mesme mois, sans les mettre
aucunement au Soleil. Observez bien
cette metode, & vos Oyseaux feront
merveille à la chasse aux mois de Septembre & d'Octobre.

CHAPITRE XVI.

Du Caponegre.

PArmi les Oyseaux qu'on tient en
cage pour chanter, le Caponegre
me paroît des plus gays, des plus ar-
monieux, & des plus jolis. Il niche
trois fois l'année dans des arbruisseaux,
ou parmi des seps de lierre, & des lau-
riers; leur premiere nichée est à la fin
d'Avril, la seconde à moitié May, & la
troisiéme à la sortie du mois de Iuin, &
c'est là la regle qu'ils observent le plus:
y en ayant par fois qui couvent plutôt
ou plus tard que les autres. Or leurs
nids sont faits de racines d'herbes extrêmement minces, & quelquesfois de
feüilles de roseaux, selon les lieux où
ils se trouvent.

CHAPITRE XVII.

Pour élever le Caponegre.

POur nourrir un Caponegre de nid, vous luy baillerez du cœur de mouton bien battu & netoyé, ôtant ces enveloppes graſſes qu'il y a tout autour, & les petits nerfs qu'il y a auſſi par dedans ; ſi vous voulez vous uſerez de cœur de veau, ou de vache en le netoyant de meſme que le cœur de mouton, afin que rien ne luy empeſche de faire la digeſtion : aprés quoy vous hacherez cette viande, & luy en baillerez une ou deux bechées ſeulement à chaque fois, de peur qu'il ne meure du trop manger : & quand vous verrez que vôtre Caponegre commencera de manger de luy-meſme, vous prendrez un peu de ce cœur par ſa cage en bas, en luy baillant cependant quelques bechées durant la journée pour ne rien riſquer. Et enfin lors qu'il ſçaura ſe nourrir ſans qu'on le paiſſe, vous luy donnerez de la pâte, qui ſera deſormais

sa seule viande depuis que vous l'y au-
aurez bien accoûtumé. Au reste c'est
un oyseau qui aprend tout ce qu'on
veut ; ainsi c'est à vous à y soigner, &
à le chiffler comme il vous plaira : car
il vous imitera fort bien.

CHAPITRE XVIII.

Pour nourrir les Caponegres pris à l'aragnée.

CEux que l'on prend à la chasse des
Oyseaux réüssissent mieux que les
autres : ils ne chantent pourtant point
de dix jours aprés qu'ils ont esté pris.
Or vous pourrez les entretenir pendant
huit jours avec des figues fraîches, ou
avec de seches au défaut des fraîches,
passé lesquels vous leur pourrez donner de cette pâte que l'on baille aux
Rossignols, dont nous traiterons dans
peû : remarquez cependant que ceux
qui se nourrissent de pâte vivent davantage que ceux qui ne vivent que de
figues.

CHAPITRE XIX.

Du Passereau solitaire.

LE Passereau solitaire est mélancolique de sa nature, il ayme les lieux
écartez , & qui ont du raport à son
nom , comme des mazures de vieilles
Eglises, où personne ne va : il se tient
loin des autres Oyseaux , & n'a nul
commerce avec eux: Il est extrêmement
jaloux de ses petits, & les fait dans des
trous de vieux édifices trois fois l'année, à sçavoir en Avril pour la premiere nichée : à la fin de May pour la seconde , & en Juin pour la troisiéme.

CHAPITRE XX.

Pour élever des Passereaux solitaires dez le nid.

SI vous voulez élever des Passereaux
solitaires dez le nid , ne les prenez

pas qu'ils n'ayent toutes leurs plumes:
parce que s'ils ne font déja dans leur
force, ils se rompent le fil des reins : &
fi alors ils refusent la bechée ouvrez
leur le bec en leur faisant avaler deux
ou trois morceaux seulement , & quand
ils sçauront manger mettez un peu de
cœur de mouton dans leur boire , sans
toutefois discontinuer de les paître, jusqu'à ce qu'ils se nourrissent sans vous:
pour ceux qui ouvrent le bec sans peine
il ne leur faut qu'une bechée de ce
cœur , sinon qu'ils en demandent davantage. Que leur paille soit toûjours
fraîche jusqu'à leur muë, aprés quoy le
fable sera meilleur , hors de l'Hyver
qu'il leur faut tenir du foin: leur nourriture sera du cœur de mouton , & de
la pâte des Rossignols ; les œufs durs,
& les raisins de corinte sont bons aussi
quelquefois.

CHAPITRE XXI.

De la Grive.

LA Grive est de tous les païs, elle e st
trés-bonne à deux usages, à chanter, & à manger. Elle niche sur des
grands arbres dans les hautes montagnes, & fait son nid de figure ronde
avec un trou au fonds pour écouler la
pluye, il est de petits coipeaux liez avec
de la terre, elle niche trois fois l'an, en
Avril, en May, & en Juin.

CHAPITRE XXII.

Pour nourrir des Grives de nid.

VOus n'avez qu'à la traiter comme
le Passereau solitaire, & à la tenir
trés propre, parce qu'elle est delicate, &
qu'à peine en peut-on réussir, si elles
n'ont leur crû, & si elles ne mangent
seules, & ne sont déja en muë. Au reste

H

les seules Grives bonnes à chanter sont les petites, & les autres n'estans bonnes qu'à la bouche.

CHAPITRE XXIII.

De la Calandre, & des Aloüettes.

LA Calandre est trés difficile à éle-ver, si elle n'a esté prise au nid, elle ne chantera d'un mois si on la transporte. Les Aloüettes ne sont pas si fantasques: car elles chantent encore deux ou trois jours aprés cela, elles nichent aussi trois fois l'an, en May, en Juin, & en Juillet, à terre dans des prez, & sur des mottes, où il y a certaines plantes, dont elles font leurs nids.

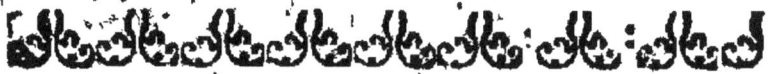

CHAPITRE XXIV.

Pour élever des Calendres, & des Aloüettes.

CEs Oyseaux sont à peu prés de même nature, ainsi le cœur de mouton accommodé comme j'ay dit est leur viande ordinaire, s'ils ne mangent déja vous les paîtrez : mais laissez peu dans leur nid, de peur qu'ils ne s'estropient : mettez donc du sable dans une cage, & jettez les-y aussi-tôt : le cœur de mouton est la pâte au Rossignol mêlée avec des grains de bled doit estre leur nourriture jusqu'à ce qu'ils soient tout-à-fait crûs, aprés quoy l'on jettera de ce blé sur leur sable, pour leur aprendre à le manger seul, sans leur ôter pourtant le cœur de mouton. Au temps de la muë donnez-leur du chenevis, de l'epeautre, ou du son, avec un morceau de tuf, ou du mortier pour s'y mouler le bec, & mesme en manger ce qui leur sera fort utile.

CHAPITRE XXV.

Pour faire la pâte au Rossignol, au Passereau solitaire, au Caponegre, à la Grive, au Merle, & autres Oyseaux.

POur faire cette pâte il faut de la farine de poix ciches blancs, & la fa-

cer comme de celle de froment, la quantité que vous voudrez, & puis sur une
livre d'amande douces mondées en mettre deux de cette farine, broyant le tout
dans un mortier, comme si c'estoit pour
du masse-pain : avec cela prenez un va-
ze de cuivre étamé, où vous jetterez
trois onces de beurre frais, & en même
temps vôtre farine & vos amandes, &
puis les mêlerez bien : cela fait mettez
cuire vôtre pot sur les charbons de
crainte de la fumée en remuant sans
cesse la pâte avec une cuillier de bois,
afin qu'elle cuise à propos, outre cela
quand le beurre diminuera jettez - y
deux jaunes d'œuf, & pour un sol de
safran, y versant ensuite un peu de miel
qui rendra la pâte toute grenée, & de
cette sorte vous l'acheverez de cuire en
la démêlant toûjours, de peur qu'elle
ne brûle : quand elle sera faite passez-
là par un gros crible, & ce qui n'aura
pû se grener, refaites-le cuire, & le re-
passez encore tant que toute vôtre pâte
soit comme de la dragée : aprés quoy
en l'arrosant encore de miel, elle se
peut garder six mois.

CHAPITRE XXVI.

Pour connoistre les diverses maladies des Oyseaux.

LEs Oyseaux sont sujets à des aposte-mes jaunes qui leur viennent sur la teste, grosses comme un grain de chan-vre, & par fois comme un pois fiche: une autre incommodité c'est la ftifie qui leur enfle premierement la poitri-ne, & leur fait ensuite paroître de gros-ses vaines rouges : aprés quoy ils se-chent imperceptiblement, & devien-nent affamez, en sorte qu'ils sont in-cessamment sur leur mangeoire : mais ils n'y font autre que jetter leur chene-vis de tous côtez. La goute est aussi l'une de leurs plus fâcheuses maladies: parce qu'ils ne sçauroient se secoüer, ny se jucher tant ils ressentent de dou-leur, l'on la connoît à ce que les jam-bes & les piez leur rident. Ils sont en-core sujets à l'asme, qui se connoît à leur voix enroüée. Que si vôtre Oyseau ne chantoit ny bien ny mal, c'est à dire

H iij

point du tout, & que la poitrine luy
batte plus qu'à l'ordinaire, comme s'il
s'eſtoit beaucoup tourmenté, alors ne
doutez point qu'il ne ſoit atteint de ce
mal, ils en donnent auſſi des marques
lors qu'ils ſemblent ſe plaindre. Outre
cela ils deviennent ſouvent aveugles,&
même ſans reſource, à moins que vous
n'y aportiez promptement du remede,
les ſignes qui dévancent ce mal ſont
que les yeux leur pleurent, & que certaines plumes qu'ils ont autour de
l'œil ſe heriſſent. Le mal caduc eſt encore un mal ſi naturel aux Oyſeaux,
que peu en échapent : tout le remede
qu'il y a c'eſt de ne les tenir guieres au
Soleil durant l'Eté, & s'ils peuvent ſe
ſauver la premiere fois, coupez leur les
ongles, & les purgez ſouvent en les
baignant de bon vin. Quelques-uns
veulent qu'ils ſoient encore ſujets à la
peppie : mais ce n'eſt pas cela, c'eſt un
mal qui leur vient à la gorge, qui s'en
ira en leur donnant à boire pendant
deux ou trois jours de l'eau où il ait
trempé de la greine de melon, & quãd
ils commenceront d'eſtre plus gays il y
faut mêler un peu de ſucre ſans rien
autre. Ce que je trouve le plus difficile

à prevoir, c'est ce mal qui vient aux
Oyseaux sur la queuë en forme de vescie
aiguë : tout ce que j'en ay sçeu remarquer c'est qu'ils sont mélancoliques, &
ne veulent plus chanter, en ce cas là
coupez-leur seulement la moitié de ce
petit bout qui y paroît en pointe, &
vous les soulagerez extrêmement : c'est
un mal auquel ils sont tous sujets, principalement ceux qu'on tient en cage.
Les Oyseaux ont encore souvent le flus
de ventre, ce qui paroît à leurs excre-
mens, & à certains haussemens de queuë
qu'ils font : or pour les délivrer de cette
incommodité il faut leur couper les
plumes de la queuë, & celles qui sont
autour du trou par lequel ils se vuident, en le graissant avec un peu d'hui-
le, & au lieu de chenevis leur donner
de la graine de melon pendant deux
jours : que si ce sont des Oyseaux qui
se nourrissent de cœur de mouton ou
de pâte, vous la leur ôterez aussi, en
leur donnant du jaune d'œuf durci aux
braises.

CHAPITRE XXVII.

Des purgations des Oyseaux , combien de fois l'année il les faut purger, & quels temps sont bons pour cela.

LE Rossignol, & les Oyseaux qui vivent de cœur de mouton & de pâte, ont besoin d'estre purgez au moins deux fois le mois avec deux ou trois vers de pigeonier : deux jours aprés cette purgation il faut mettre au gras d'une noix de sucre fin dans leur abrûvoir avec un peu de reglisse pour leur netoyer la voix. Or à la mué cette purgation est necessaire , & alors il faut les baigner avec du bon vin , & leur donner le Soleil ensuite , tenant un morceau de tuf , ou de mortier dans leur cage , & des figues dans leur boire pour leur nourriture.

CHAPITRE XXVIII.

Purgations des Oyseaux qui vivent de chenevis , ou de panis.

LEs Oyseaux qui mangent du chenevis & du panis se purgent avec de la

graine de melon , & les herbes quelles
quelles soient , comme laituës, des chi-
corées, des blettes, de la mercuriale, ou
du laiteron : dont il sera bien de leur
donner toûjours quelque feuille en tout
temps aussi bien que de la terre ou du
mortier , & du sucre. Or il faut les
choyer principalement à la muë , qui
se connoît lors qu'ils sement de leurs
plumes : alors baignez les de vin pour
le moins deux fois la semaine.

CHAPITRE XXIX.

Pour sçavoir côbien les Oyseaux vivent.

LA durée ordinaire des Rossignols
est de huit ans , aprés quoy ils dé-
clinent. Les Caponegres perissent presque tous au bout de trois ou quatre
ans par la goutte. Pour les Passereaux
solitaires ils font merveille durant cinq
années, aprés quoy les apostemes, la
ftisie , & la goutte les tuent. Les Chardonerets vont à dix, quinze, & vingt
ans, chantans toûjours bien jusqu'à la
mort. La Linotte ne passe pas volon-

tiers la deuxiéme ou troisiéme année à
cause de ses maladies, pourtant quand
on en a soin elles vivent cinq ans. Le
Loriol comme il est robuste vit quelquefois plus de cinq ans : mais le Pinçon n'en vit guiere qu'un ou deux,
estant rare qu'il aille à cinq, parce qu'il
devient aveugle : ce qui arrive souvent
pour avoir esté trop au Soleil. Les
Aloüettes de toutes sortes, & les Ca-
lendes, ont presque la même durée, qui
est de quatre à cinq ans, hors qu'elles
ne soient transportées, ce qui les fait
mourir de regret. Les Canarys d'Espa-
gne vivent qui cinq, qui dix, qui quinze, qui vingt ans, & sont toûjours
gaillards. Voicy un livre traduit & imprimé dans trois semaines, je ne sçay
quelle approbation il aura : mais enfin

Peu m'importe qu'on le méprise,
Je viens à bout de mon soûhait;
S'il peut aller jusqu'à Do * *
Pour l'amour de qui je l'ay fait.

FIN.

TRAITE

DES CHASSES,

De la Venerie & Fauconnerie ; Où est exactement enseigné la methode de cõnoistre les bons Chiés, la Chasse du Cerf , du Sanglier , du Liévre , du Dain , du Chevreüil , du Connil , du Loup, &c.

Avec les termes & proprietez de chacune.

SIGNES DES BONS CHIENS.

LEs meilleurs sont ceux qui ont les oreilles longues, larges & épaisses, & le poil de dessous le ventre gros & rude : on ne peut gueres en connoître qu'après trois mois.

Les nazeaux ouverts, c'est bon signe & qu'ils seront de haut nez.

Il les faut nourrir aux villages & non aux boucheries, & les garder des garennes. A dix mois, il faut commencer à les mettre au Cheni.

Il les faut apprendre à entendre le forhuz en cette façon. Un des Valets doit aller un peu loin, & sonner de la trompe, criant, *Ty a billaut*, pour le Cerf, & *Valecy aller*, pour le Liévre. Cependant un autre qui les tient les découple en criant, *Ecoute à luy, tirez, tirez*, quand ils sont au forhuz, le Valet leur donne des friandises qu'il a dans la gibeciere. Aprés l'autre Valet qui n'a bougé de sa place, commence à forhuer & sonner, en recriant comme l'autre, & l'autre les doit menacer & houssiner, en criant, *Ecoute à luy, tirez, tirez*, Et estant encore arrivez, il leur donne aussi des friandises : ainsi ils se les envoyent l'un à l'autre, puis aprés les coupler bien doucement.

Pour leur faire courre le Cerf, il faut qu'ils ayent seize ou dix-huit mois, & ne les mener qu'une fois la semaine; car ils ne sont pas bien fermes sur leurs membres qu'ils n'ayent deux ans pour le moins.

Pour prendre le Cerf à force, il faut entendre trois secrets.

Le premier, on ne doit jamais faire courir une Biche aux chiens, parce que son sentiment est different; & si vous leur donnez curée d'elle, ils s'en souviendront toûjours.

Le second, on ne les doit point dresser dedans les toiles, parce qu'ils y voyent toûjours le Cerf qui ne fait que tournoyer : & aprés quand ils chassent hors la toile ne le voyant plus, ils ne font que lever le nez & tournoyer sans chasser.

Le troisiéme, on ne les doit faire chasser le matin, parce qu'ils ne veulent plus chasser aprés, quand ils ont senti le Soleil.

Pour les dresser, il faut regarder quand les Cerfs sont en leur grande venaison; car ils ne ruent pas tant qu'en Avril & May qu'ils n'en sont point chargez. Alors il faut choisir une Forest où les relais seront bien justes & à propos ; & mettre tous les jeunes chiens avec quatre ou cinq des vieux, pour les dresser & faire lasser le Cerf auprés d'eux & découpler dessus.

En quelque lieu où l'on tuë le Cerf, on luy doit dépoüiller le col pour la curée tout chaudement : Il y a encore d'autres sortes de curées.

DV CERF.

ISidore dit que c'est le vray contraire du serpent.

Il ayme les instrumens, & s'asseure quand il oyt sonner une flûte, comme aussi quand il entend un chartier, ou voit un cheval chargé de quelque chose.

Il craint plus les chiens que les hommes.

La Biche quand elle veut mettre bas, s'oste plûtost du chemin des chiens, que des hommes. Elle porte huit ou neuf mois ses faons, lesquels naissent communément en May. Il y en a qui en portent deux d'une ventrée.

Les Cerfs peuvent vivre cent ans, & les Biches aussi.

Du Rut & Muſe des Cerfs.

ILs commencent à aller au Rut environ la my-Septembre, & dure prés de deux mois. Les vieux Cerfs ſont les mieux aymez. Quand ils ſe rencontrent deux vieux, ils ſe battent & choquent furieuſement, juſqu'à ce que l'un demeure le maiſtre, qui ne donne que trois ou quatre coups, & bien ſoudainement.

Les Cerfs ſont fort aiſez à tuer en cette ſaiſon, car ſuivans les voyes de la Biche, ils ne ſe donnent pas le temps d'éventer, & meſme de jour.

Ils cherchent les eaux pour ſe veautrer.

En quelle ſaiſon ils muënt.

ILs muënt en Fevrier & Mars, & jettent leurs teſtes pluſtoſt les vieux que les jeunes.

Quand ils ont mué, & jetté leur

tefte, ils commencent à fe retirer, &
prendre leur buiffon, fe cachans en
quelque beau lieu prés des gagnages &
de l'eau, afin d'aller à tous viandis.

Les jeunes Cerfs ne prennent jamais
de buiffon qu'ils n'ayent porté la troifiéme tefte, qui eft au quatriéme an, &
alors fe peuvent juger Cerfs de dix cors,
bien fraîchement.

Des teftes ou ramures des Cerfs.

IL faut noter, qu'ils ne portent leur
premiere tefte qu'on appelle les da-
gues, finon à leur deuxiéme an. Au
troifiéme, ils doivent porter quatre ou
fix ou huit cornettes. Au quatriéme,
ils en portent huit ou dix. Au cinquiéme, ils en portent dix ou douze. Au
fixiéme, douze, quatorze ou feize. Et
au feptiéme, leurs têtes font marquées
& femées de tout ce qu'elles porteront
jamais, & n'augmentent plus qu'en
groffeur.

Cecy ce doit appeller meule, & ce qui eſt autour de la meule, pierrure.

Ce premier cor ſe nomme Andollier.

Le ſecond Surandollier.

Tous ceux qui viennent aprés juſqu'à la couronne, ſe doivent nommer cors ou chevillures.

Ce qui porte les andolliers & cors, ſe nomme perche.

Les fentes qui ſont du long de la perche, s'appellent goûtieres.

Ce qui eſt ſur la croûte de la perche, ſe nomme perlure.

Du jugement du pied du Cerf.

IL a le pied long, le talon eſt gros & large, la comblette ou fente doit eſtre large & ouverte : c'eſt pour les vieux cela.

Plus, les vieux Cerfs n'avancent jamais le pied de derriere outre celuy de devant, & s'en faut de plus de quatre doigts, & les jeunes les paſſent.

Les Biches. ont le pied fort long, étroit, & creux, & le talon ſi petit, qu'il n'y a Cerf de deux ans qui ne l'ait plus gros.

Autrement on peut connoiſtre la Biche au viandis , car elle viande gour-
mandement, coupant le bois rond, comme fait un bœuf. Et au contraire le
Cerf de dix cors le prend delicatement.

Le Cerf en Pays montueux & gra-
veleux , a la place d'ordinaire uſée , &
en ſablonneux & plein , ils s'appuyent
plus du talon.

Du jugement des fumées.

Plateaux.

AUx mois d'Avril & May , ils jettent en plateaux qui ſont larges
& gros , & eſt ſigne qu'ils ſont Cerfs
dix cors.

Troches.

Aux mois de Juin & Juillet , ils les
jettent en groſſes troches bien molles.

Nouées.

Depuis la my-Juillet juſques à la fin

d'Aouft, ils les jettent toutes formées,
groffes, longues & noüées ointes.

Il y a difference entre les fumées du
relevé du foir & celles du matin, les
premieres font mieux digerées que celles du matin, à caufe du repos & du
temps qu'il a eu de faire fon ronge &
digeter fon viandis, au contraire celles
du matin à caufe de l'exercice qu'ils
font la nuit en viandant.

Du jugement des portées.

ON en peut avoir connoiffance toute l'année hors quatre mois, Mars,
Avril, May, & Juin, où ils müent & ont
leurs teftes molles.

En autre temps il faut regarder aux
entrées des forts où ils fe rembûchent:
& principalemét dans de grandes tailles
qui n'auront efté coupées de huit ou
dix ans, là on pourra voir des branches
heurtées.

Comme on doit chercher les Cerfs aux gaignages, selon les mois & saisons.

LEs Cerfs changent de viandis tous les mois. A la sortie du rut, qui est à la fin du mois d'Octobre au mois de Novembre, il faut chercher les Cerfs aux briaires, desquelles ils vont viander les pointes & fleurs, parce qu'elles sont chaudes & de grande substance.

En Decembre, ils se mettent en hardes & se retirent au profonds des forests, à l'abry des vents & injures du temps. Ils viandent la pointe de la mousse, & paissent le bois.

En Janvier, ils laissent les hardes des méchantes bestes, & s'accompagnent trois ou quatre Cerfs en se retirant ensemble, aux ailes des Forests, & vont aux gaignages aux bleds vers.

En Fevrier & Mars, ils vont au viandis aux chatons des saules & courdes, aux bleds verts & dans les prez, en ces mois-là ils muënt & jettent leurs testes, commençans à regarder leurs pays les plus commodes pour prendre leurs

buiſſons & refaire leurs teſtes , & lors
ſe départent d'enſemble.

En Avril & May , ils ſont en leurs
buiſſons, d'où ils ne bougeront juſ
qu'au rut : ils vont dans de petites tailles, ils font auſſi leurs viandis aux pois,
féves, veſſes, & autres, ſans faire beaucoup de pays.

En Juin, Juillet & Aouſt , ils vont
aux tailles, & à tous grains. Alors ils
ſont en leur grande venaiſon , & vont
auſſi boire à l'eau , à cauſe des grains
qui les alterent.

En Septembre & Octobre, ils laiſſent
leurs buiſſons & vont au rut ; alors ils
n'ont point de repos , ny de viandis
certain.

Comme en doit aller en queſte aux tailles
avec le limier.

IL faut ſe garder d'y arriver trop matin , car les Cerfs de repos font volontiers leur reſſuy dans la taille , &
s'ils voyoient ou éventoient , ils ſe
pourroient débucher.

Il doit bien regarder ſi le Cerf va de

bon temps ou de hautes erres, s'il rencontre d'un Cerf qui luy plaise.

Les chiens de haut nez tirent fort
lâchement le matin, à cause de la posée qui les fait oublier & negliger les
voyes.

Donc, si le Veneur rencontre un
Cerf qui luy plaise, allant de bon
temps devant luy, & que son chien le
desire bien, il le doit tenir de court, de
peur qu'il appellât, car jamais il ne leur
faut donner la longueur du trait : aprés
qu'il aura reveu quel Cerf c'est, il faut
qu'il le rembûche s'il peut, & le rende
au couvert, en revoyant, tant les connoissances du pied que des porrées &
foulées.

Ce fait il faut qu'il jette ses brisées,
l'une haute & l'autre basse, & tout
soudain, pendant que son chien sera
bien échauffé, il doit prendre ses devants & faire ses enceintes deux ou
trois fois; l'une par les grands chemins
& voyes, afin de s'ayder de son œil;
l'autre par le couvert, car le chien y aura meilleur sentiment.

Si il croit avoir bien détourné le
Cerf, il s'en doit aller à sa brisée &
prendre le contre-pied pour lever les

fumées, tant du relevé du soir que du
matin, en regardant le lieu où il a fait
son viandis ; & aussi pour voir ses ruses & malices ; car toutes les ruses qu'il
fera estant laissé, courre devant les
chiens, seront en mêmes lieux & semblables à celles qu'il avoit faites le matin, qui est un grand avantage pour
avertir les picqueurs, & placer les
chiens.

Si le Veneur trouvoit deux ou trois
entrées & autant de sorties, il faut qu'il
reprenne ses enceintes plus grandes, &
qu'il enferme dedans toutes ses ruses
& malices ; & quand il verra tout enfermé, hors une entrée par laquelle il
pourroit estre venu des tailles ou gaignages, il faut qu'il mette son chien
dessus & le fasse faucer jusqu'au fort.
Ainsi on détourne les Cerfs.

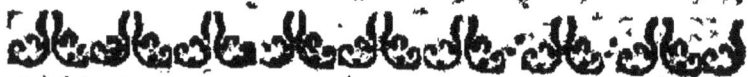

Comme le Veneur doit quester aux tailles ou gaignages, pour voir le Cerf à veuë.

IL doit dés le soir remarquer un arbre, & par où il y pourra venir à
bon vent.

Le lendemain, il se doit lever deux heures devant le jour , & se brancher jusqu'à ce qu'il ait veu la beste rembûcher au fort ; il doit cependant avoir laissé son chien à quelqu'un , un peu loin de-là.

Estant descendu il ira querir son chien, mais il ne doit aller détourner le Cerf, d'une bonne heure aprés , car ils sont quelquefois au bord du fort au ressuy.

Pour aller en queste aux petites couronnes des tailles dérobées qui sont au milieu des Forests.

Bien souvent les Cerfs qui ont esté courus se recelent longuement sur eux , & font leurs viandis en ces petites tailles , & plus frequemment en May & Juin.

Ils ne se peuvent pourtant receler plus de quatre jours sans sortir du buisson , car ils veulent sçavoir où sont les autres bestes, ausquelles ils mettent leur sauve-garde, afin que s'ils se voyét courus de chiens , de les donner en change.

A tels

A tels Cerfs, il ne faut y aller dans ces endroits, qu'à neuf heures, parce qu'ils y font quelquefois leur reffuy un peu tard, & retirant doucement aprés avoir reveu le pied ou levé des fumées: il faut un peu loin contrefaire le Berger ou le Chartier, de peur de le faire lancer. Demy-heure aprés il peut venir faire l'enceinte.

Pour les quester aux gaignages.

Gaignages ce font jardins, ou champs où croiffent toutes efpeces de grains.

Il y faut aller dés l'aube du jour, parce que de tels lieux ils fe retirent de bonne heure.

Termes de Venerie.

ON dit fumées de Cerf, Chevreüils, & Dains, & ainfi de toutes beftes vivantes de brouft.

Des beftes mordantes, comme fan-

I

gliers, Ours, & leurs semblables, leurs fiantes se nomment lesses.

Des autres bestes puantes, comme Tessons, & renards, fientes.

Celles de Loutre, se nomment épreintes.

Celles de Liévres & Connils se nomment crottes.

Le manger du Cerf ou Chevreüil se nomme viandis.

Du Sanglier il faut dire mangeures.

Les pieds des Ours & Sangliers, bêtes mordantes, se nomment traces.

Des Cerfs, Chevreüils & Dains, pieds ou voyes.

Les voyes sont les grands chemins, les routes se prennent pour les petits sentiers. Le Cerf va la voye, ou il va la route.

Quand le Veneur va lancer un Cerf, Chevreüil ou Dain, il doit parler à son Chien en criant, voilecy, vay avant : comme parlant en singulier. Mais aux Sangliers & Ours, en plurier, il doit parler, Voy-les-cy, allez avant.

Les lieux où les Cerfs, Chevreüils & Dains se couchent le jour, se doivent nommer lits, reposées ou chambres. Mais des Sangliers & autres, bauges.

Une teste de Cerf, faux marquée, c'est comme s'il n'y avoit que six cors d'un côté & sept de l'autre, on diroit, il porte quatorze faux marques, car le plus emporte le moins.

Les ergots qui sont derriere le pied du Cerf ou Chevreüil se nomment os, comme disant, voicy où le Cerf a donné des os en terre.

Ceux des Sangliers se nomment gardes.

Si le Veneur voyoit une troupe de bestes fauves, cela s'apelle harde de bestes. Mais des Sangliers, on dit une compagnie de bestes noires.

Pour mettre les relais.

IL le faut mettre selon les saisons, en Hyver les Cerfs à cause de leur teste dure, suivent les grands forts, & au Printemps les petites tailles, à cause qu'elle est molle & en sang.

Il faut avec le relais y mettre un bon

piqueur , & deffence au Valet des
Chiens de les découpler sans comman-
dement.

Ceux du relais aprés l'avoir placé en
doivent aller loin à trois ou quatre
cent pas du côté de la chasse, pour s'é-
loigner du bruit qui se fait d'ordinaire
au relais, & pour voir ou entendre plus
paisiblement , afin de faire découpler
à propos quand il en sera besoin.

Comme il faut le lancer , & donner aux Chiens.

APrés l'avoir détourné , il faut
prendre le limier & s'en aller à la
brisée avec tous les piqueurs de la meute , pour remarquer les connoissances
du Cerf qu'on veut courir , pour ne se
pas tromper au change.

Alors les Chiens estant arrivez, tous
les piqueurs se doivent vitement écarter autour du buisson pour voir le
Cerf, afin de le bien remarquer au par-
tir du lancer.

Aussi-tost le Veneur qui l'a détourné voyant tout prest, se doit mettre devant tous les autres & frapper à routte,

car l'honneur luy appartient, en criant, *Voy-le-cy aller, voy-le-cy, avant, va avant, voy-le-cy par les porsées, roto rotte, rotte,* & autres termes pour le Cerf.

Le Cerf estant parti de son lit, il ne faut encore pas sonner pour Chiens, mais quand il commencera à dresser par les fuites, & que le Veneur en sera certain, alors il pourra sonner en criãt, *Tra billaud* ; faisant suivre son limier sur les erres, criant & sonnant jusqu'à ce que les Chiens soient arrivez à luy.

Alors il se doit mêler parmy eux avec son limier pour les réjouir, & pourra sortir du fort, donnant son Chien à son valet, & monter à cheval, allant toûjours au dessous du vent, & côtoyans la meute pour lever les défauts.

Quand le Cerf a donné le change, il faut rompre les Chiens & les recoupler en retournant prendre les dernieres erres, ou chercher la reposée.

Pour parler aux Chiens.

SI les piqueurs font devant la meute
& qu'ils voyent le Cerf, ils doivent
fonner à veuë plufieurs fois & en mots
longs.

Et en telle occafion, s'ils parlent aux
Chiens ils doivent crier, *Thia billant,*
plufieurs fois jufqu'à ce que les Chiens
foient venus à eux, eftant venus il les
faut faire paffer & crier, *Paffe le Cerf,*
paffe, paffe, paffe, paffe, paffe, ha, har, ha,
har.

Quand il eft dans l'eau, on doit
crier, *Har, il bat l'eau, il bat l'eau,*
&c.

Quand le Cerf eft aux abois, il faut
fonner fix ou fept fons fort viftes &
courts, & le dernier un peu plus long,
& les reffonner ainfi plufieurs fois.

Quand le Cerf eft pris, il faut fonner
longuement par fons longs, & en parlant aux Chiens : *A la mort Chiens, à la*
mort, à la mort.

La chaffe finie, il faut fonner trois
fons fort longs, puis les redoubler par

deux plus briefs, & un tiers qui sera
semblable aux deux premiers sons.

Comme on fait la section du Cerf.

LA premiere chose qu'on doit lexer
sont les dyntiers, autrement coüil-
lons.

Aprés il faut commencer à le fendre
à la gorge jusqu'au lieu des dytiers, puis
le faut prendre par le pied d'entre le
devant & enciser la peau tout autour de
la jambe, au dessous de la jointure, &
la fendre depuis l'encisure, jusqu'au
lieu de la poitrine, & autant aux autres jambes.

Aprés faut commencer par les jambes, ou par les pointes des encisures,
& le dépoüiller.

La curée.

POur la curée, les limiers pour le
premier ont pour leur droit le cœur
& la teste.

Et les chiens courans ont le col qu'on leur dépoüille tout chaudement, car les curées chaudes sont les meilleures.

Les curée, qui se font au logis sont de pain découpé avec fromages, arrousez du sang du Cerf.

La Chasse du Sanglier.

LEs Sangliers sont de telle nature, qu'ils apportent en naissant toutes les dents qu'ils auront jamais.

Ils en ont quatre entr'autres, lesquelles se nomment deffences, dont les deux de dessus ne blessent point, mais servent seulement d'aiguiser celles de dessous, desquelles ils tuënt & blessent. Si ils se crevent les yeux, ils garissent soudainement. Ils peuvent vivre vingt-cinq ou trente ans.

Ils vont au rut environ le mois de Decembre, & dure leur grande chaleur prés de trois semaines.

Jamais le Sanglier ne devient ladre, comme le porc privé.

Leur saison & venaison commence à la my-Septembre, & finit vers le commencement de Decembre qu'ils commencent à aller au rut.

Ils font d'ordinaire leur bauge dans les bois forts d'épines & ronces.

Les jeunes mâles s'éloignent plus hardiment de la mere que les femelles.

Ils vivent de tous grains, fruits, legumes & racines, hors de naveaux & raves.

Le mâle ne crie guere quand on le tuë, mais la femelle crie.

Les layes ne portent qu'une fois l'an. Le Sanglier est une bête passagere ; ils reviennent pourtant tant qu'ils peuvent à la forest où ils sont nez, comme à leur sauve-garde.

Des termes qu'on doit user pour le Sanglier.

QUand un Sanglier a deux ans passez, il laisse les compagnies, & on l'appelle Sanglier venant à son tiers an, & ainsi de suite.

On dit mangeures de Sanglier.

Si le Sanglier a fait ses boutes dans les prez ou fraîcheurs, cela s'appelle vermiller.

I v

Il y a aussi muloter, qui est quand le Sanglier va chercher les caches des mulots.

Quand ils vont paître l'herbe, cela s'appelle herbeiller.

Du jugement du pied d'un grand Sanglier.

LEs formes en doivent estre gran-des & larges, les pinces de la trace devant rondes & grosses, les coupans des côtez des traces usez; le talô large; les-gardes (qui sont les ergots) grosses & ouvertes, desquelles il doit donner en terre.

Du jugement du soüil.

S'Il est grand, on le verra à la gran-deur du soüillard, ou aux entrées des forts qu'il aura tous barboüillez, ou à quelque gros arbre auquel au sortir du soüillard, il se va d'ordinaire frotter.

Commé on doit prendre le Sanglier à force avec les chiens courans.

VN jeune fanglier à son tiers an n'est pas courable, car il courra plus longuement qu'un cerf ne portant que six cornettes.

Mais quand il a son quart d'an, on le peut prendre à force.

Cela est bien dangereux de donner des chiens courants à un Sanglier : cela est certain pourtant, que si on met des colliers aux chiens chargez de sonnettes, les Sangliers ne tuent pas si-tost les chiens, mais il fuira.

Il faut le détourner comme le Cerf, & mettre des relais, mais il faut que ce soit de vieux chiens & sages.

De la chasse du Lievre, & de sa proprieté.

SOn sang est fort dessicatif.

Il a un petit os dans la jointure

des jambes fort souverain pour la colique.

Sa peau brûlée & mise en pondre, est excellente pour arrester le sang d'une playe.

C'est luy qui nous a enseigné la chicorée sauvage qui est excellente aux mélancoliques, comme il l'est aussi, d'où vient qu'on appelle cette chicorée, *palatium Leporis*.

Quand ils vont au giste ils craignét tellement l'eau, que si la rosée est un peu grande ils tiennent les grands chemins.

Ils vont au rut au commencement de Janvier & en Février & Mars.

Le mâle attend mieux le chien, à cause qu'il se sent plus vîte & déchargé.

Les Lievres ne vivent que sept ans au plus.

Pour parler aux chiens.

SI le piqueur veut faire venir les chiens à luy pour les faire entrer en quelque taillis ou fort, il les faut appeller ainsi.

Horva , à moy tho au.

En sonnant de cor , un son bien long.

Puis quand il est à quelque belle passée.

Aquerecy , aquerecy ; hau , il a passé icy.

Il faut remarquer qu'on ne doit jamais sonner en queste le grêle du cor, mais le gros tant qu'on voudra , si ce n'est qu'on veuille appeller les chiens; & encore il ne faut pas manquer de leur donner quelque friandise estans arrivez, afin qu'ils voyent qu'on ne les appelle point à faux ; & qu'ils faßent ainsi la différence entre la queste & le forhuz.

En un mot, il faut parler aux chiens comme à la chaße du cerf , sinon au forhuz , car au lieu de crier , Thiau hillaud , il faut crier , Voy-le-cy , & aussi mesme son de cor, excepté en la queste, car on ne doit sonner que le gros pour le Lievre.

En quel temps & comment il faut quester
le Lievre & lancer aux chiens.

LA vraye saison commence à la my-
Septembre, & finit à la my-Avril.
Quand trois bons picqueurs sont ensemble, & qu'ils voyent qu'ils ont ren-
contré de la nuit d'un Lievre en quelques bleds ou autres gagnages, ils doivent regarder la saison.

Si c'est au Printemps ou Esté, les
Lievres ne se jettent pas au fort, à cause
des fourmis & lezardes, mais dans les
bleds guerets & lieux foibles.

L'Hyver ils sont aux forts, à cause
des mauvais vents de galerne.

Or donc selon le temps & saison ils
doivent appeller leurs chiens, & battre
tout le rang, en battant de la gaule sur
les buissons qu'ils voudroient faire
quester, en nommant ceux qui questent
le mieux pour les réjouïr.

Depuis qu'on a veu faire le premier
cerne à un Lievre, & qu'on a connoissance du païs qu'il tient en ses fuites, il
faut gagner les devants pour le voir à

veuë, & là forhuant les chiens, on abrege bien ses ruses.

Les chiens qui prennent de grands cernes en leurs defaurs sont fort à loüer, parce qu'ils envelopent dedans toutes les malices & ruzes d'un Lievre; encore qu'on dit toûjours qu'il n'est que des chiens qui suivent le droit.

La curée du Lievre.

LE Picqueur doit prendre le pain, fromage & autres friandises, lesquelles il mettra dans le corps du Lievre, afin de les arrouser de sang : alors un valet attachera le Lievre par quatre ou cinq endroits avec une corde, afin qu'un n'emporte pas tout; puis le cachera & s'en ira à cent pas de-là, porter son forhu. Cependant le Picqueur leur donnera le pain & fromage. Quand ils auront achevé de manger la curée, ce valet doit forhuer avec la trompe : lors le Picqueur les menassera, en criant, *Écoute à luy :* alors le valet montrera le Lievre: puis quand il verra les chiens autour de luy, il jettera son Lievre au milieu d'eux.

Quand il y a de jeunes chiens qui n'osent approcher de la curée, le Picqueur leur doit avoir reservé la teste & les épaules.

La chair de Lievre est fort nuisible aux chiens, c'est pourquoy il faut toûjours les faire boire aprés & les laisser paître tous découplez, & aussi leur donner du pain aprés la curée, s'ils en veulent.

Jamais il ne leur faut donner le pas, le poulmon ny la peau, car ils en tombent malades.

Du Dain & de sa nature.

LE Dain est de l'espece du Cerf, il a le poil plus blanc.

Il est plus petit que le Cerf, & plus grand que le Chevreüil.

Sa teste a plus de corps que celle du Cerf, il a aussi plus longue queuë.

Il naist en la fin du mois de May.

Il fait tout de mesme que le Cerf, sinon qu'il va plûtost au rut que le Dain.

On ne fait point de suite ny limier

au Dain comme au Cerf, mais on le juge par le pied.

Ils se font prendre aux eaux.

Le Cerf & le Dain ne s'ayment aucunement.

La chair en est meilleure que de cerf ny de chevreüil.

Les Dains demeurent volontiers en païs secs accompagnez les uns des autres, hormis depuis le mois de May jusqu'à la fin d'Aoust, auquel temps à cause des mouches, ils prennent leurs buissons.

Ils font volontiers en haut païs où il y a valées & petites montagnes.

Du Chevreüil.

IL va en amour en Octobre, qui dure seulement quinze jours, & n'est qu'avec une Chevrelle : Ils demeurent ensemble mâle & femelle jusques à ce que les femelles veulent faonner, alors elle va bien loin faonner, car le mâle tuëroit le faon. Quand il est assez grand, la femelle recherche son mâle, & se rassemblent toûjours, si on ne tuë l'un ou l'autre.

La cause de cela est que la femelle porte deux faons mâle & femelle, qui estans nez ensemble s'y tiennent toûjours.

Il demeure aux forts buissons, bruieres, & joncs & en hautes montagnes & valées.

Il va au viandis comme les autres bestes.

Estant poursuivi des chiens, il se cache dans l'eau comme le Cerf.

Du Connil.

Elle porte trente jours, tantost deux, trois, quatre & cinq lapereaux.

On les prend avec bourses, furets & panneaux la nuit.

Si on n'a de furet, on peut les faire sortir des terriers avec la poudre d'orpin, de souffre, & de nijenne, qu'on fera brûler ou en parchemin ou en drap, & on pourra mettre au dessous du vent les poudres, & alors les Connils se viendront prendre aux bourses.

Du Loup.

IL va au rut en Fevrier, & est en sa grande chaleur dix ou douze jours.

La Louve lasse cinq ou six jours durant tous les Loups qui la suivent, & comme ils sont endormis elle éveille celuy qui luy plaist le plus, & d'ordinaire le plus laid, qui aprés est devoré des autres, d'où l'on dit, jamais Loup ne vit son pere. Les Louves portent neuf semaines, & une fois l'an.

On les prend à force aux chiens, aux levriers, aux lacs, & aux cordes & traînées.

On dit que le pied droit de devant porte médecine aux mammelles.

Et que la teste attachée aux portes des maisons, sert pour faire resister aux charmes & empoisonnemens.

Sa plus grande dent a de singulieres vertus, comme pour faire venir les dents aux Enfans, &c. Sa graisse est bonne pour le mal des yeux. Sa fiante aussi en arrête la fluxion, estant mêlée avec du miel.

On tient auffi que les grandes dents attachées aux jambes des chevaux, ils s'en laffent bien moins.

―――――――

Reste la Chasse des Renards, Theffons & Blereaux, qui se fait avec des baffets, qui sont chiens de terre, ils viennent communément de Flandre & d'Artois.

―――――――

DE LA
FAVCONNERIE.

―――――――

DV FAVCON.

FAucon qui eft pris devant la muë, eft le meilleur.

Il y en a de dix efpeces, qui font, Oubier, Emerillon, Lanier, Tunicien, Gentil, Pelerin, de Paffage, Montagner, Sacre, & Gerfaud.

De l'Emerillon , Lanier , Sacre , &
Gerfaud ; j'en parleray plus particulierement comme plus communs.

La bonne forme du Faucon est teste
ronde , le bec gros & court, le col fort
long, la poitrine large , grosse & char-
nuë, les aisles longues, la queuë cour-
te , les cuisses grosses, les jambes cour-
tes.

Tel faucon prendra gruës & grands
oyseaux , il est hardy , vîte à voller.

De l'Emerillon.

Il est de forme du faucon , & prend
principalement de petits oyseaux : il
doit estre oyselé en huit jours , autrement il ne vaut rien.

Du Lanier.

Il est assez commun en tout païs , il
est plus petit que le faucon gentil, court
empieté , la tête grosse , il volle communément sur terre & sur riviere.

Du Sacre.

Le Sacre pris aprés la muë est le meilleur & le plus vîte, court empieté, hardy, de couleur rouge, ou tannée, ou grise, grosse langue, doigts gros & de bleu mourant : voila ses bonnes marques.

Il est le plus laborieux de tous & plus traitable: sa proye sont grands oyseaux, oye, gruë, heron, butor.

Du Gerfaud.

On le prend en faisant son passage en Allemagne : il est bien empieté, doigts longs, il est grand & puissant, il est assez difficile à faire, & est bon à tout gibbier.

De l'Autour.

IL y a cinq especes d'Autour: la premiere & plus noble est l'Autour qui est femelle.

La seconde est nommée demy-Autour, qui est maigre & peu prenant.

La tierce, est le Tiercelet, qui est le mâle de l'Autour & prend les perdrix: il est nommé Tiercelet, car ils naissent trois en une niée, deux femelles & un mâle.

La quatriéme est l'Espervier, qui prend de tout hors les grands oyseaux.

La cinquiéme est nommée Sabech, il ressemble à l'esprevier.

La bonne forme d'Autour est teste petite, les yeux grands, le bec long & noir, le col long, la poitrine grosse, les ongles gros & longs; pieds verds.

Sa proye est faisand, cane, oye, connils, lievres.

De l'Espervier.

L'Espervier est fort noble & le plus
usité en France, & qui sçait bien
traiter, voler & affaiter. Un Espervier
sçaura aisément gouverner tous les autres; outre qu'on s'en peut aider Hyver
& Esté, & avec grand plaisir; car il est
commun à tous plus que tous les autres
faucons & oyseaux, comme à prendre
pie, jay, chouettes, vinel, merle, vo-
decaille, &c.

De sa bonne forme.

Il doit estre grand & court, la teste
petite, épaules larges & grosses, jambes
grosses; pennes noires. Le Niais est
bon & revient volontiers à son maistre;
le Sor est difficile à affaiter, & sera
bon s'il ne fuit les gens; le meilleur de
tous est celuy qui a esté pris hors du
nid, & a esté un peu à soy; celuy-là
s'appelle Branchier.

Comme

Comme il faut challer l'Esperuier nou-
veau, & le mettre en obeïssance.

Prenez une aiguille enfillée de fil de
lié qui ne soit retors, faites-le tenir, &
le prends par le bec, & luy mettez l'aiguille parmy la paupiere de l'œil, non
pas droit à l'œil, mais plus prés du bec,
afin qu'il voye derriere, en se donnant
bien garde de prendre la toile qui est
dessous la paupiere, puis mettre l'aiguille en l'autre paupiere, de l'autre
part, & tirez des deux bouts du fil, &
noüer sur le bec, non au droit nœud,
mais couper le fil prés du nœud, & le
tordre tellemét que les paupietes soient
si hautes si levées que l'Esperuier ne
puisse voir. Et quand le fil lâchera, qu'il
voye derriere & le faucn devant, que
s'il voyoit devant, ils s'ébatroiét trop
souvent en voyant les gens.

Comme on le doit mettre en arroy.

Il luy faut jets de cuir qui ayent les
K

bouts un peu renversez, & doivent avoir demi pied de long & estre coupez.

Il doit avoir deux bonnes sonnettes, afin qu'il soit mieux ouy.

Celuy qui souffre le chapperon vaut mieux que celuy qui n'en veut point, car il s'en bat moins.

Comme on le doit affaiter.

Il le faut paistre de bonne chair & chaude d'oyseaux vifs à pleine gorge deux fois le jour jusqu'à trois jours, & luy ôter souvent le chapperon pour l'accoûtumer ; & sur tout qu'il soit tellement cillé qu'il ne voye goutte jusqu'à ce qu'il soit assûré ; plus il est affamé, & plus il est aisé à affaiter.

Il le faut accoûtumer à manger devant le monde & les chevaux.

Pour le faire voler.

Il faut prendre l'heure un peu devant

Soleil couché, parce que c'est l'heure
de la plus grande faim, & que le temps
est plus doux, & qu'il se peut moins
éloigner.

Il faut chercher large campagne
loin des arbres, & qu'il soit déchape-
ronné quand les épagneux questeront:
s'il prend un perdreau, il luy en faut
donner contre terre avec la cervelle &
de la poitrine.

Donner curée à l'Oyseau cela s'appelle
essemer.

Quand on doit prendre un Oyseau au nid ou en l'air.

Il faut qu'il soit fort pour se soûtenir sur les pieds, & le mettre sur une
perche; il le faut paître de chair vive
le plus souvent, car cela luy fait un
bon pennage.

De ces mots, Niais, Brancher, & Sor.

NIAIS, est celuy qui est pris au nid.

BRANCHIER, est celuy qui suit sa mere de branche en branche ... ...

SORS, est celuy qui a volé & prís devant qu'il ait mué.

Il faut chercher large ...

De la chair qu'on donne à l'Oyseau.

Un peu de la cuisse ou du col d'une poulle, les entrailles aussi, luy dilatent le boyau.

La maniere de le paître est telle : il le faut laisser manger par poses, & luy cacher quelquefois la chair, de peur qu'il se debatte. Il luy faut faire plumer de petits oyseaux, comme il faisoit aux bois.

La bonne chair c'est de vieille geline ...

www.ingramcontent.com/pod-product-compliance
Lightning Source LLC
Chambersburg PA
CBHW072305210326
41519CB00057B/2660